L'art de la simplicité

Simplifier sa vie, c'est l'enrichir

简单的艺术

Dominique Loreau

［法］多米尼克・洛罗 著

王蔡颖 译

后浪

四川文艺出版社

图书在版编目（CIP）数据

简单的艺术 /（法）多米尼克·洛罗著；王藜颖译
. -- 成都：四川文艺出版社，2021.3（2022.7 重印）
ISBN 978-7-5411-5909-1

Ⅰ．①简… Ⅱ．①多… ②王… Ⅲ．①人生哲学－通
俗读物 Ⅳ．① B821-49

中国版本图书馆 CIP 数据核字 (2021) 第 019360 号

JIANDAN DE YISHU
简单的艺术

［法］多米尼克·洛罗 著
王藜颖 译

出 品 人　张庆宁
出版统筹　吴兴元
编辑统筹　郝明慧
特约编辑　荣艺杰
装帧制造　墨白空间
选题策划　后浪出版公司
责任编辑　陈雪媛
营销推广　ONEBOOK
责任校对　汪　平

出版发行　四川文艺出版社（成都市锦江区三色路238号）
网　　址　www.scwys.com
电　　话　028-86361781（编辑部）

印　　刷　天津联城印刷有限公司
成品尺寸　143mm × 210mm
开　　本　32开
印　　张　8.625
字　　数　180千字
版　　次　2021年3月第一版
印　　次　2022年7月第二次印刷
书　　号　ISBN 978-7-5411-5909-1
定　　价　66.00元

谨以此书献给所有渴望简单生活，

渴望在物质、生理、心理和精神层面得到升华的人，

但愿此书能够帮助各位探索自身的无限潜力。

春至陋室中，

无一物中万物足。

——小林一茶[1]俳句

1 小林一茶（こばやしいっさ，1763—1827），日本江户时期著名俳句诗人，代表作有《病日记》《我春集》等。他的作品风格独特，朴质率真，甘苦并蓄，亦庄亦谐。

序言

我在懵懂孩童之时，就对法国之外的风土人情充满了好奇。于是，刚进入大学，我就决定选择与之相关的专业。十九岁时，我成了英国一所中学的法语助教。二十四岁时，我又前往美国密苏里州的一所大学当法语助教。正是这段经历，使我有机会游历加拿大、墨西哥和中美洲，自然也游历了美国的大部分地区。然而，一次，在旧金山附近参观一座禅园时，我感受到了一股发自内心的迫切愿望：我想要去认识这些美的本源。于是，我动身前往日本，这个长久以来一直吸引着我的国家，但我无法用言语去形容这种感受。后来，我留在了日本。

在这些文化和礼仪各异的国家生活，促使我不断审视自我，追寻理想的生活方式。通过不断做减法，我渐渐明白：寻求至简，才是兼顾外在舒适和内心意愿的最佳生活方式。

为什么选择日本？每当得知我在这里生活了二十六年时，人们常常这样问我。我相信，包括我在内，所有选择定居日本的人都会如此回答：因为一种喜爱，因为一种需求。在这个国家，我感到十分自在。每天早晨，一想到我又能有更多新发现，我的心中就充满了欣喜。

我一直对日本禅宗，以及与之相关的一切十分着迷：水墨画、庙宇、花园、温泉、料理、花道……没过多久，我就有幸结识了一位研究“墨绘”（中国水墨画）的教授。在这之后的十年间，他不仅将我领进了这门艺术的大门，还教会了我日本人的思考方式：学会接受生活的本来面目，对待万事万物，不必解释，亦不必分析，更不必“抽丝剥茧”。简而言之，学会“禅意地生活”。

在一所佛教大学教法语期间，我还在名古屋市的爱知专门尼僧堂进行了入门修行，这所禅寺专供女尼修行。我从这所禅寺毕业后，对日本人的了解更加深刻：尽管他们的外表已十分现代化，他们的生活也已“高科技”化，但代代相传的传统哲学仍在潜移默化中影响着他们，这种影响甚至已经渗透到他们日常生活的细枝末节里。

与这个国家频繁的接触使我发现，简单，是一种正面、积极、有着丰富内涵的价值观。

几个世纪以来，古希腊和古罗马的先贤、基督教神秘主义者、佛教徒、印度智者……一直致力于让人们重拾简单的原则。简单，让我们从那些既分散我们的精力，又使我们备感压力的偏见、束缚和负担中解放出来。简单，给我们的许多问题提供了解决办法。

不过，简单生活，并不是我轻轻松松就做到了的。它更像是一次漫长蜕变的最终成果，是发自内心地想要生活得更简单——潇洒、自由、轻盈，当然，也更加精致、优雅。我渐渐明白，越是轻装上阵，对于我而言不可或缺的物品就越少；到最后，只需极少物品，我们就可以生活。因此，我笃信一点：拥有的物品越少，我们就越自由、越快乐。不过，我也意识到，我们必须保持警惕：消费主义、精神和身体上的惰性、负面情绪……这些陷阱都在窥伺着我们，哪怕一分一秒的松懈都会给它们可乘之机。

这本书其实是我旅居日本这些年来记下的随笔，是我的经历、阅读、交际和思考滋养出的果实。这本书传达了我的理想、信念、行为准则和生活方式，它们都是我所憧憬并且努力想要变成现实的。我一直把这些随笔视为珍宝，随身携带，它们可以引导我，提醒我那些被我遗忘或者我还没付诸实践的事情。而且，当我身处混乱之中时，它们还可以使我坚定内心的信念。我不断地从这些随笔中汲取建议，根据我所遇到的困难的程度、我的需求和我的潜力，来尽力将它们“小剂量”地运用到实际生活中。

我们这个时代，已经开始意识到无节制和过剩的危险。越来越多的女性，希望她们能够重新发现更简单、更自然的生活所带来的愉悦和益处。面对消费社会的种种诱惑，她们坚持寻找生活的意义，同时也不与时代脱节。

这本书，正是写给像她们这样的人。

希望本书可以让她们实实在在地领悟到简单的艺术，一种让生活更加充实的艺术。

CONTENTS | 目录

第一部分

物质主义和极简主义

第一章 物质主义的泛滥

在如今的西方社会，人们创造出太多的物质财富，拥有太多的选择，面临着太多的诱惑，欲壑难填，饫甘餍肥，已经不再懂得该如何简单地生活。

我们挥霍无度，肆意糟蹋一切。我们明知生产一次性餐具、圆珠笔、打火机、照相机会污染水和空气，危害大自然，但是我们仍然使用这些产品。停下来吧，从现在开始，别再这样胡来了！否则，总有一天我们会被迫停止这一切行为。

唯有“破旧”才能“立新”，才能让穿衣、吃饭、睡觉这些基本需求触及更深的层面。

这并不意味着我们要达到十全十美的境地，而是要进入一种更加充实的生活状态。物质的富足并不能带来从容与优雅，反而会摧折心灵，禁锢思想。

简单，本身就可以解决许多问题。

停止过分的占有欲吧，这样您才能真正拥有更多的时间专注于自我本身。当您自身感觉舒适时，您就会忘掉一身皮囊，转而注重提升自己的思想境界，使自己的存在充满意义。您将变得更加幸福！

简单，就是我们虽然拥有的如此之少，但却得以自由地了解万物的本质和精髓。

简单，就是美，因为有许多奇迹蕴藏在它的表象之下。

所有物带来的负担（本义与转义）

收集欲

> 克莱恩家有一堆箱子，箱子里的东西静静等待着有一天主人或许能用到它们。然而，克莱恩家看起来还是很穷。
>
> ——节选自《X档案》[1]

在生活中，大部分人出门旅行时都会带上笨重——甚至可以说过重——的行李。难道我们不应该反思这个问题吗？为什么我们如此依赖这些外物？

1 《X档案》（*The X-Files*）是一档美国科幻电视连续剧，播出于1993—2002年。

对很多人而言，物质上的富足是他们生活的映射，是他们存在的证明。他们或有意或无意地将个人的身份和形象与他们所拥有的物品联系在了一起。拥有的越多，他们就越感到安全，越游刃有余。一切都可据为己有：金钱、美物、艺术品、学识、巧思、友人、情人、旅行、神……甚至自我。

人们消费，获取，积累，收藏，“拥有”朋友，“掌握”人脉，“获得”文凭、头衔、奖章……

他们被沉重的所有物压垮了，他们忘了，或者根本没有意识到，他们的占有欲会榨干他们的生命力。因为欲壑难填，并且只会愈发强烈。

许多物品都是无用的，但是，我们往往只有在失去它们之后才会明白这一点。我们之所以使用这些物品，并不是因为我们需要它们，而是因为我们拥有它们。我们所拥有的物品，不知有多少是因为看到别人在用，我们才跟着买的！

迟疑不决，搜集不停

> 浩瀚的知识足以丰富我们的生活，不必再添些无用的小玩意儿。毕竟，它们只会占用我们的精力和时间。
>
> ——夏洛特·佩里安[1]《创作生活》

1 夏洛特·佩里安（Charlotte Perriand，1903—1999），法国著名建筑师、设计师，二十世纪现代文化先锋。

想要简化生活，就必须做出选择，尽管有时候很困难。许多人终其一生都被成吨（绝无任何夸张成分）的物品环绕，他们不觉得这些东西有何珍贵之处；对他们来说，这些物品本身也派不上用场。之所以如此，是因为他们决定不了如何处理这些物品，他们根本没想过把这些东西送人、拿去卖掉或者丢掉。他们始终对过去、先辈和回忆念念不忘。但是，他们却忘了当下，也没有考虑未来。

丢弃也是要下决心的。一鼓作气地丢掉并不是最难的，甄别有用和无用的东西才是。放弃某些东西让人难过，但是真的扔掉之后，又会让人感到满足。

畏惧改变

不，正派的人们是不会喜欢……我们另辟蹊径的！

——乔治·布拉桑[1]《声名狼藉》

我们的文化，是不怎么为那些选择朴素生活的人着想的，因为这些人对经济发展和消费型社会来说是一种威胁。他们被认为是边缘人群，一群让大多数人感到不安的人。这些人主动选择过简朴的日子，吃得不多，浪费得也少，几乎从不搬弄是非，但却被当作吝啬鬼、伪君子和不合群的人。

改变即生活。我们应当成为容器，去接纳外物为我们所用，而

1 乔治·布拉桑（Georges Brassens，1921—1981），法国著名歌唱家、作曲家、诗人，唱片发行量曾高达 2000 万张。他的作品多以风琴、木琴和吉他伴奏，极富特色。

不是被外物裹挟。远离身外之物的纷扰，可以帮助我们成为我们想要成为的人。

许多人会忍不住反驳，在他们年轻时，日子本来就拮据，如果一扔了之，未免太过浪费，这会让他们产生罪恶感。

但是，浪费，指的是扔掉那些仍然能派上用场的东西。扔掉一件我用不着的物品，可不叫浪费；如果一直留着它，那才叫浪费！

我们把居住的房子塞得满满当当，浪费了许多空间。我们照着在装修杂志上看到的样式装修客厅，浪费了许多精力。我们还浪费了许多时间整理、清扫、找东西……

回忆能让我们像此刻这般幸福吗？回忆能让我们变得更加幸福吗？有人说，万物皆有灵。但是，我们可以任由自己对过去念念不忘，以至于妨碍未来吗？哪怕让当下陷入停滞，也无所谓吗？

选择极简主义

一个人越是能放下，就越富有。

——大卫·梭罗《瓦尔登湖》

在生活的艺术中，节俭是一门实用的学问，因为节俭可以提升生活的品质。

我们的本质并不由外物体现。想要成为一名极简主义者，有时还必须具备一定的思想境界和学识水平。有些民族，比如朝鲜族，生性就喜爱朴素纯洁之物，他们所有的艺术都体现出这一特点。

任何人都可以通过“轻装上阵”获得富有，重要的是，我们要有勇气把这一信念贯彻到底。想要在干净、通风的房间里生活，除了配备好生活必需品之外，自律、整洁、意志力亦是必要条件。极简主义要求我们有规律地生活，注重生活的细节。最大限度地割舍，不要让杂物和家具侵占我们的空间。然后，我们才可以把自己的精力放到其他的事情上。在此以后，连割舍这种想法也不再产生。您的决定将完全听从直觉，您的衣着将更加优雅，您的居所将更加舒适，您的日程表将不再满当当。心静则慧生，您将更透彻地认识生活，学会温柔而坚定地割舍。

停下来想一想，我们如何才能让生活变得更简单？

问一问您自己：

- 是什么让我的生活变得复杂？
- 它值得吗？
- 我在什么时候感到最幸福？
- “拥有”比“成为”更重要吗？
- 我可以接受简单到何种地步的生活？

建议：列出清单，这样可以帮助您扫清生活中的障碍。

最大限度地少用物品

> 五分钟，足以让一个日本人准备好，出发去长途旅行。因为他几乎没有什么必需品，没有碍事的杂物，也没有家具，只需要极少的衣物，他就可以生活。这种能

力使他在这种叫作生活的长期斗争中占据上风。

——小泉八云[1]《心》

当您面对每一样激起您物欲的物品时，想象一下，它们已经腐坏、变样。终有一天，它们将归于尘土。

学会客观、有条理地判断生活中的每一件物品，没有什么比这更令人感到满足：它们有何用处？它们适用于什么领域？它们能给您的生活带来什么价值？

认清它们由哪些元素组成，它们可以使用多久，它们又能激发您身体里的哪些热情。

与其用物质来充实生活，不如用感觉充实身体，用动力充实心脏，用原则充实灵魂。

毫无疑问，不被占有的唯一方式就是（几乎）不去占有，把欲望降到最低。鱼与熊掌兼得，带来的只能是负担。同理，复杂化和碎片化也是如此。

像摆脱一件使您难受的旧衣衫一样，摆脱这世间的种种身外之物。如此这般，您就达成了完善自我的终极步骤。

如果不腾出空间，又如何去接纳？别对物质倾注太多心思，别让它们凌驾于人的价值、劳动、安宁、美好、自由以及那些有生命的事物之上。

有太多的东西在侵蚀着我们，裹挟着我们，让我们偏离了生活

1　小泉八云（こいずみやくも，1850—1904），爱尔兰裔日本作家，原名拉夫卡迪奥·赫恩（Lafcadio Hearn）。小泉八云写过不少向西方介绍日本和日本文化的书，是近代史上有名的日本通，也是现代怪谈文学的鼻祖，主要作品有《怪谈》《来自东方》等。

的本质。我们的头脑，就好比一座随着时间推移逐渐堆满旧货的阁楼，让我们无法轻易动弹，更别提往前走。可是，生活本身就是往前走。接受堆积如山的繁重物品，只会让我们浑浑噩噩、瞻前顾后、无精打采。

把您的汽车后备厢清扫一空，向着未知的目的地，出发！多么令人神清气爽的一件事呀！

不要被占有

> 我把简单奉为我生活的统一原则。我决心只保留最基本的必需品。在这种斯巴达式的苦行生活中，暗藏着某种祝福。我将沉思，直到这样的祝福降临在我身上。
>
> ——米兰·昆德拉《不能承受的生命之轻》

不是我们在占有物品，而是物品在占有我们。

每个人都可以自由地拥有喜欢的物品，但最最重要的是，我们对待这些物品的态度，我们要认识到我们需求的限度在哪里，我们对生活的期待又是什么：我们喜欢读什么样的书，看什么样的电影，哪些地方可以带给我们发自内心的快乐……

在我们的手袋里，只需装一支口红、一张身份证、一张银行卡。如果您只有一把指甲钳，您一定能随时找到它。除了舒适的起居环境和一两件漂亮的家具，物质的存在感应当降到最低。拒绝过多占有，才能更投入地去欣赏让我们在精神、情感和理性层面都感到愉悦的事物。

丢掉那些没有用处或过度使用的东西。或者把它们放在您家楼下，张贴告示，送给那些真正需要它们的人。

把那些还能用的东西（书籍、衣物、餐具……）送给医院和养老院。这样做并不会让您损失什么，恰恰相反，您可以从中收获许多满足感与快乐。

卖掉那些您用不着或者很少用的东西。在清理一空之后，小偷、火灾、蛀虫、嫉妒再也没了下手的机会，您将享受这种优越感。拥有必需品以外的东西，是在背负新的不幸。我们都知道，包袱过重的人，是无法浮出水面的。

家：拒绝拥挤

家，应当成为缓解都市压力的所在

空间、光线、整洁，这些都是人类生活所必需的，它们和食物、床铺同等重要。

——勒·柯布西耶[1]

当家十分空荡，只余几样漂亮耐用的必需品时，它就成了一处宁静的避风港。珍惜您的家，把它收拾干净，怀着敬意去居住，这

1　勒·柯布西耶（Le Corbusier，1887—1965），法国建筑师、室内设计师、雕塑家、画家。他是二十世纪最重要的建筑师之一，功能主义建筑的泰斗，被称为“功能主义之父”。

样做是为了您最最珍贵的宝藏：您自己。

只有当我们不再被物欲纠缠时，自我才得以充分绽放。

身体安放灵魂，正如房屋安放我们的肉身。我们的灵魂想要发展，就必须首先得到解放。

我们的每一样所有物都应当向我们传递这样的观念：我们需要的，只有它；是它的用处使它变得珍贵；没有它，我们无法正常“运转”。

家，应当成为休憩之地，灵感的源泉，疗愈的空间。我们的城市熙熙攘攘，吵吵闹闹，令人目不暇接的缤纷色彩在刺激着我们，伤害着我们。只有家，能够重新赐予我们能量、活力、平衡和快乐。不论是在身体方面，还是在心灵方面，它都发挥着物质和精神的双重保护作用。

这世上不仅存在饮食上的营养不良，还存在精神上的营养不良。当精神营养不良时，我们就需要家来发挥作用了。正如同饮食决定着我们的健康，我们的内心世界接收到的东西，也对我们的心理平衡产生着极大的影响。

流畅性、通用性和零装饰

> 出于对抽象的喜爱，禅宗更偏好黑白素描，而非传统佛教精雕细琢的画作。
>
> ——施美美[1]《绘画之道》

1 施美美（Mai-Mai Sze，1909—1992），原名施蕴珍，美国亚裔作家、画家。她从美国马萨诸塞州维斯理学院毕业后，曾在纽约学习中国书画，后在巴黎学习西洋油画。其作品曾在纽约、伦敦和巴黎的画展上展出。

我所说的室内环境的“超流畅”，是指一切都经过了仔细考量之后，体现出的一种功能性：理想的室内环境需要最基本的维护、整理和劳动，同时能给我们带来舒适、宁静和生活的乐趣。

包豪斯[1]风格、夏克教[2]艺术和日式室内家居有着共同的要素：高效性、灵活性，以及“少即是多”的概念。

适量的家具可以保证室内有更充足的活动空间。物品和家具都应当保持轻便灵巧，可以随时响应身体的需求，而不是徒有其表。身体应当“感受”到地毯的柔软、木质墙面散发的香气，以及浴室的清凉。笨重的烟灰缸，抬不动的羊毛地毯，总是绊脚的落地灯，奶奶亲手缝制的挂毯，刚擦拭完又很快变得黯淡的铜器，壁炉台、桌上、置物架上的尽招灰尘的小玩意儿……全都该扔进垃圾桶了。

考虑改变一些建筑细节，安装光线柔和的实用灯具，换掉有问题的水龙头……舒适是一门艺术，做不到这一点，任何形式的装饰都是枉然。

建筑设计师的“漂浮”风格，或者说“留白”风格，其核心就是物品因其周围的空白而存在。选择在住宅中贯彻这种美学的人们并不需要做出多大的让步：两三本书，一支香薰蜡烛，一张柔软舒适的沙发，足矣。

从心理层面上看，一个家具齐备的宽敞房间，给阳光等各种有益身心的元素留出了余地，好让它们填满这个空间。小而精的物品

1　包豪斯（Bauhaus）是一门德国建筑流派，从二十世纪初开始被广泛应用，改变了当时建筑设计行业的格局。

2　夏克教（Shakers）属于基督再现信徒联合会，是贵格会（Quaker）在美国的一个分支，现已基本消亡。夏克教教徒推崇通过“实用美”，来追寻尘世中的完美。

变成了艺术品，每一分钟都变得弥足珍贵。

空白的空间给居住其中的人一种掌控自我的感觉，因为他们没有被占有，这给他们带来了更多的舒适和满足。

没有留白，就没有美感；没有静默，音乐也会失去韵味。一切都自有存在的意义。在一间朴实无华的屋子里，一杯清茶也能成为主角，不过，镜头很快就会转向一本书，或者一个朋友。在空白的空间里，一切都变成了艺术品，宛如一幅静物画、一张油画。

早期的包豪斯住宅虽然不缺乏美感，但长期以来都因其朴实无华的风格而饱受批评。然而，它的确是实用和理性的范本，本可以成为感官的圣堂。它为健身、日光浴、会客和沐浴保留了空间：一切都从舒适的角度出发。

给您的家“减减肥”

简化室内空间（可以的话，把三个小房间改造成一个大房间），摆脱毫无用处的东西，您就能体会到饱受过度加工食品之苦后，重新享受纯天然食品的心情。

拒绝那些使用起来不方便的物品。请专业人士把所有的电线归置到踢脚板后、地板下或者特制的护条里。换掉拧不紧的水龙头、噪声过大的抽水马桶、不顺手的门把手……改造过于逼仄的浴室。所有细微的不便之处，都在妨碍您的日常生活。

我们这个时代的一大优势，在于通信技术的微型化，这大大缩小了它正常运转所需的空间。

在一所住宅里，最重要的不是装修，而是居住在其中的人。

材质是舒适的关键。当您挑选时，请闭上双眼。放下心中的成见，不要总是认为，只有富人才买得起山羊绒织物。一条帕什米纳山羊绒呢毯，比两床被子叠在一起还暖和，不仅可以在家中使用，还能陪您长途旅行。羊绒毯的使用寿命可以持续好几年，既美观又舒适。

至于色彩，最好选择单色。过多的色彩会造成视觉疲劳。黑、白、灰，似乎看不出其他色彩的影子，实则包含了所有的色彩。它们营造出一种极简的风格，就好像所有花里胡哨的东西都已蒸发殆尽。

人如其所

当我们入住新家时，我们就把自己的个性贯彻到了这所住宅中，如同一件衣裳、一块龟甲、一片贝壳。

我们向外界传达出的东西，通常也能决定我们内心的本质。不过，仍然有许多人不确定自己的喜好，也不确定什么样的选择能够带给他们真实的满足感。

只有创造出一个符合内心深处的渴望的环境，我们才能更好地建立起内在和外在之间的联系。

建筑设计师和民族社会学家一致认为：是家“塑造”了个体的思想，人依赖自己的住所。

环境能够塑造一个人的个性，影响他的选择。当我们参观一个人的住所或者他曾经住过的地方时，我们就可以对他有更深入的了解。

家不应成为忧虑的根源，需要额外的劳动，或者变成一种负担。相反，它应当成为我们的补给站。

英语单词 clutter 的意思是“拥挤，杂乱，无序”，来源于 clog 一词，意为“阻塞”。正如阻塞能够影响血液循环，无序也能阻碍人体的正常运转。

有太多人把家布置成旧货铺、地方博物馆或者家具贮藏室。在日本，情况则完全不同。只有在使用一个房间时，我们才把它当作居住用的房间。当我们离开这个房间时，不会留下任何物品，也不会留下任何个人生活和活动的痕迹。所有物品都是折叠式的，结构小巧，用完之后就会被收纳到壁橱里（或者蒲团、熨衣板、写字台、茶几、坐垫里……）。

这样的房间，让居住者可以放心入住，不必为前任房客留下的回忆而操心，也不必思考这位房客是尚存世间，还是早已离去。

“最小化”您的住所

请把您的家设计得小巧、舒适、实用。

自在生活是终极目标。舒适程度通常取决于空间大小。理想的空间，令人放松的空间，宽敞的空间……“凝练”的生活方式，对于居所来说，无异于一种美德。很久以前，日本人就发展出一套终极美学观念，一部分是出于生活必需，一部分则来自宗教，还有一部分来自道德伦理观念。这套美学观念重视细节，哪怕最小的空间，只要安排得宜，都可令人忘乎于方寸之间。

一个完美的小角落，一本好书，一杯清茶，就能带来极致的满足感。

只依赖少量物品生活，是一种理想；然而，要想实现它，您就得首先沉浸在这样一种状态中：喜空不喜繁，喜静不喜闹，喜古典隽永而不喜滚滚潮流。我们的目标，就是在起居坐卧的室内保留足够的空间。除非无意间发觉，我们大部分时间都注意不到许多东西的存在，此外还有一些会让我们得幽闭恐惧症的东西，它们都是应当统统清理掉的障碍物。空荡的陋室，也可以变得温馨，我们只需要给它添些温暖柔软的物品，比如木料、织物、软木、稻草……

一所住宅可以缩小到只比一只超大号旅行箱稍大一些，只装有基本的生活用品，而不是一成不变地塞满"某一天可能用得上"的东西。

时代在改变，我们也要与时俱进，适应新概念和新的生活方式。城市的人口越来越多，在未来，我们不得不习惯更狭小的公寓。我们需要借鉴日本人的经验，学习如何在狭小的空间里从容而智慧地生活。

在十九世纪备受青睐的小客厅，应当再次回到建筑设计师们的图稿上。小客厅包含一个盥洗池，一个挂衣壁橱，一堵镜面墙，一张用来休憩、私聊、读私人信件的转角沙发。简而言之，这是一个可以自在地修身养性的地方。这样的小客厅和浴室一样重要。不过，除了泡澡和淋浴，在浴室做别的事都不大方便（比如化妆、修剪指甲、穿脱衣服，以及各种保养）。

合理利用只有几平方米大的空间，也可以创造奇迹。

空旷的房间

只要设计精心、布置得当，一个看似空旷的房间也能够展现极致的奢华。它可以让居住者放空心灵，如同置身于宽阔的酒店大堂、教堂或者寺庙。二十世纪五十年代的工业设计以镀铬和直线条为特色，也秉持相同的原则。它虽然不一定“归零”，但同样能够带来宁静感和秩序感。

简化，本身就是美化。“零度”美化使人放松。

当然，极简主义所费不菲：在玻璃陈列柜里摆几个小物件，的确比用稀有木材制作墙板省钱。然而，极简生活不仅需要金钱的支持，还需要许多其他的东西。它要求我们具备不可动摇的信念。不过，生活不仅以秩序和美为准则，还要有丰富的爱好：音乐、瑜伽、收集旧玩具或电子产品……

从另一方面来说，对待护身符，不能像对待一个普通的装饰元素一样随意。它的存在让我们可以从中汲取能量。因此，我们必须要给它留一个特别的位置。

试一试，哪怕只有一周，把您的杂物放到看不见的地方，由此腾出的空间或许可以带给您启发……

活在过去，或者守着回忆过日子，就是在忽视当下，在关闭通向未来的大门。

符合美学标准的“健康”住宅

我们生活的环境中的一切事物，都在为我们代言。我们如果接受了庸俗的设计，就得付出相应的代价。重视审美使我们更加敏感。越是注重细节，我们就越能受到触动。在使用过可以调节亮度的灯具后，我们会发现一按开关就骤然亮起的灯光是如此粗暴。在室内，任何不完美的物品都是一道“小伤口”，就好似一阵轻微的头疼，或者刚开始龋化的牙齿。“不健康”的住宅，就是当我们打开满当当的衣橱，却找不到一件可以穿的衣服；当我们打开冰箱，却只能发现过期食品，或者发现里面和北极一样空荡荡；当我们在如山的书籍前驻足，却找不到一本合心意的书。将橱柜隐藏起来，将灯具嵌入墙壁或者天花板内，将杂物清理干净，这下，我们终于可以安顿下来了：这是一座会呼吸的住所，指引我们专注于本质。不要向任何无用之物妥协。

为您的室内环境赋予活力

香氛、色彩和声音交相辉映。

——夏尔·皮埃尔·波德莱尔[1]

五千年来，许多中国人都在他们的住所中应用风水学。他们相信，人们一直在被这个世界影响（比如节气、友邻、物品……）。无论我们是否有所发觉，充斥于日常生活中的事物都在影响着我们，使我们感到愉悦或不满，不断在我们身上留下印记。

---

1 夏尔·皮埃尔·波德莱尔（Charles Pierre Baudelaire，1821—1867），法国最著名的现代派诗人，象征派诗歌先驱，代表作《恶之花》是十九世纪最具影响力的诗集之一。

我们自身，通过我们的态度和行为，通过我们走路和讲话的方式，影响着外部世界。我们的心跳、呼吸和我们散发的气息，同样在影响着其他生物，影响着物质世界的秩序。我们接收并传递“气”，它是我们生命力的一种表现。

风水学首先强调的是居所的整洁干净。只要我们精心打理，其他的自然也不成问题。我们的思路会更加通透，我们的决定也会更为果断。

住宅的玄关，应当令人感觉舒适妥帖，光线明亮，最好有鲜花装饰：在玄关处集中放置的物品，应当突显联通室内的作用。一面镜子，一幅色彩明快的油画，都可以弥补居室昏暗狭小的缺陷。“气”应当在室内畅通无阻，而不是被“堵住”。

所有进入住宅内的东西都应当成为“养分”。每一件放置在玄关的物品，其影响力都能被放大。所有的色彩，都凭借其震颤力，来彰显“气”。

转角会使“气”变得“脆弱”。因此，建议在角落摆放一盆圆叶绿植，来缓和这一尖锐的特质，整个房间的氛围也会随之改变。

声音、色彩、材料、植物都会使房间里细微的震颤更丰富。我们这一方小天地的运转，应当与宇宙法则完美契合。观察和理解生命的原理，可以使我们与其达成一致，有意识地将其引进我们的生活，这样可以避免逆流而行。

为了营造丰足饱暖的氛围，最好把所有的食物存放在一处，并且确保此处的食物供应源源不断。绝不能流露出困窘之气。果篮要随时补满，冰箱里不能有不新鲜的蔬菜和三天前的剩饭。所有尖锐锋利的器具（比如刀、剪）都应当收在看不见的地方，所有病恹恹的植物和枯萎的花都要扔掉（目睹家中植物缓慢凋零，会让人不由自主地灰心丧气），所有过期的食物都要及时清理。中国人从不吃剩饭，只用最新鲜的食材烹饪，因为他们深知，人仰赖食物汲取能量。

他们还认为，身边干枯的花，会为了活过来而吸走他们身上的能量；位置不对（靠近水龙头）的垃圾桶，会给流出的水带来不良影响（根据寻水术的说法，万物之间有特殊的感应力）。

即使和家相隔千里，保持住所干净、舒适、不受浊气侵染，也能帮助我们改善我们在外人面前的形象。无论身处何方，我们都应当和家中环境保持一致。早晨离家上班时，保持好一室的一尘不染，您的一整天都会变得不一样！

“气”完全受到它所流经的物品的材质和形状的影响。破坏和谐的凝滞之气，最爱躲藏于灰尘和污垢积聚的地方。从这个角度来说，地毯，就成了我们重点关注的对象：它们让生命的根基发展壮大。既然能量来源于地面，住所内所有的地板和鞋子都应当无可挑剔。要知道，东方人在自己家中都是不穿鞋的！

当我们觉察到自己的本质，当我们能够做到在生活中时刻忠于自我时，风水学就可以最大限度地发挥它的影响力。

光线和声音

> 月光雕琢，日光描摹。
>
> ——印度谚语

光，就是生命。人类如果失去光，就会生病，甚至陷入疯狂。

在室内，避免一成不变的光线。自然光线在不停地流转变换。有时，它让我们眼前的景物纤毫毕现，有时又让它们变得昏暗模糊。

室内的噪声，对我们的健康产生的影响远比我们想象得更大：吱呀作响的门，突然响起的电话铃声。但是，我们可以给合页上油，将电话铃声换成一首优美的音乐，铺一层厚厚的地毯来降低噪声……

选购家用电器时，挑选那些噪声最小的类型。人耳可以接受 60 分贝的声音，忍耐极限是 120 分贝。既然如此，为何非得挑选能够产生高达 100 分贝噪声的电动搅拌器？电话、闹钟、门铃……都需要我们谨慎选择。

收纳空间

> 好的收纳应当根据我们的小习惯来设计，这些习惯都是由需求决定的。家具设计最重要的元素就是收纳。如果没有设计好收纳空间，家中就无法留出任何空间。
>
> ——夏洛特·佩里安

一所住宅庇护的不只是居住的人，还有其中的物，有时还会有小动物。因此，住宅中应当有足够的隐藏橱柜，以避免草率添置五斗橱、衣柜、壁台或者零零碎碎的小物品带来的混乱与无序。

橱柜不应当被简单视为“空出来的空间”，而应当根据需求来排列。不必每次想取出平底锅时都得搬凳子，更不必为了收纳一只小勺子横穿整个厨房。物品之所以没有收拾好，是因为它们的位置没有放对。

用于收纳的家具应当放置在最需要它的位置，这样才能节省主人的体力。比如，住宅的每一层至少得有一个收纳柜，厨房里得有一个储藏柜，浴室里得有一个用来放洗漱用品和睡衣的柜子，玄关处得留一个衣帽间，专门用来放置外套、提包、雨伞、鞋子、访客的物品……为什么不在建造住宅时，就考虑到留出这些空间呢？

理性主义和对效率的重视，应当成为工作、休息和健康的基石。

物品：孰舍孰留？

必需品

我们的基本需要是什么？要维持生存，只需要极少的物品；要好好生活，则需要足够的物品。

中世纪是极简主义和灵性完美结合的时期。在文艺复兴以前，食物、衣着、住所只需满足最基本的需求。但如今，至少对我们生活的这个社会来说，这一做法已经不合时宜了。

一位著名摄影师在全世界范围内展开了一场调查。他发现，在蒙古高原，平均每个人拥有三百件物品；而每一个日本人，平均拥有六千件物品。

那么，您呢？

最少是多少呢？

一张桌子，一张床，一截蜡烛，如果是在修道院或监狱里，足矣；虽然，这是在不考虑居住其中的人们衣不蔽体、意志消沉的情况下。不过，在不违背禁欲主义的原则下，再添上两三件物品，我们自然会过得更好。几样润泽心灵的好物，能够满足我们对美、舒适和安全的需求：一件独一无二的首饰，一张意大利制造的沙发……

最理想的情况，莫过于生活在一个完美的地方：室内设计无可挑剔，身边只有必需之物。身体虽为工作辛劳，但柔软灵活、保养得宜，同时完全独立自主。这样，精神也得以保持自由，对一切未知敞开心胸。

对每个人来说，首要需求是健康、平衡、有尊严地生活；其次，才能要求衣着、食物和环境的质量。然而，不幸的是，追求生活本身的质量，已经成了一种奢侈！

个人所有物

一两个行李箱应当可以装下一个人的全部物品：设计精良的服装，一个化妆包，最钟爱的相册，两三样私人物品。其余的，也就是室内常有的物品（比如寝具、餐具、电视、家具），都不应当算作我们的所有物。

选择这样的生活方式，您将生活得平和而安宁。您可以收获只有极少数人拥有的东西：清闲。

应当尽早做好准备，在离开人世时，除了房子、车子、财产和美好的回忆，什么身后事也不留下。不要留下纯银勺子、蕾丝花边、遗产纠纷，也不要留下日记。

扔掉稀奇古怪的小玩意儿，嘱咐身边的人，您唯一想要的，就是什么也不要。用您的旧衣橱换一张柔软的沙发，用您的纯银餐器换一套镀铬的卫浴，用您不穿的裙子换一件高档羊毛衫，用所谓的人脉换取更多和知心好友相处的时间，用付给心理医生的咨询费换一箱酩悦香槟！

余生只徜徉于充满智慧、灵性、神秘、美和情感的世界。

在幸福而充满生机的一天，您将重新规划自己的生活，邀请和您一起生活的人加入您……

告别萎靡不振、堆积如山的状态和感伤歌曲、阴郁之人；这些沉甸甸的身外物不断堆积，只会令错误的价值观愈发根深蒂固，让我们徒增盲目的习惯和负担，无法集中精力去深入发掘我们的想法、心灵和想象力。

心思“缜密”，生活“轻盈”，简化一切

> 生活一切从简，仿佛随时有敌来犯。做好准备，几乎随时可以在数秒之内，两手空空地逃出家门。
>
> ——大卫·梭罗《瓦尔登湖》

随时保持警惕，准备面对意外。

拟一份详细的个人物品清单，这有助于您筛选无用之物。除了衣橱里几件款式别致的衣物，您的其他物品应当缩减到最低限度，即缩减到可凭一人之力带走的程度。由于火灾、偷盗和自然灾害频发，日本人不得不保持这样的生活状态。他们总是以逃难时是否易

于携带为标准，来挑选自己的物品。

放弃几乎所有的物品，保证您所拥有的，都绝对必需、实用。要记住，重量即敌人，不仅不利于健康，也无益于物品本身。图瓦雷克人[1]只携带轻便的行李。

尝试着用更轻便、更小巧的东西，替换您现在拥有的物品。卖掉您笨重的橡木衣柜，换一套大小合适、做工精致的组合柜。

把您的卧室想象成一方斗室，把您的家想象成一艘小船。家具并非生活的必需品，在摩尔人[2]的豪宅里，几张华丽的地毯、几只靠垫、几个茶盘，就是全部家具。

笨重且占地方的家具，不仅使人心情沉重，也让搬家变成了麻烦事。它令我们无法在房间里来去自如，除非您住在城堡中……

无论是一座橡木书架还是一只茶碗，无论是一张餐桌还是一个钱包。在做选择时，尽可能从自身的需要出发，确保它不会妨碍您行动自如。

此外，还需注意：在极简主义的生活中，无论物品多么微不足道，都应当兼具美观与实用的特质。

家和行李箱：二者都只是我们存放私人物品的地方，最终真正停驻其间的，是我们这些永恒的过客。

---

1 图瓦雷克人（Tuareg）是一支主要分布于非洲撒哈拉沙漠周边地带的游牧民族，是散布在非洲北部广大地区的柏柏尔（Berber）部族中的一支，以迥异于周边民族的文字、语言与游牧生活闻名。

2 摩尔人（Moors）是指中世纪伊比利亚半岛（今西班牙和葡萄牙）、西西里岛、撒丁尼亚、马耳他、科西嘉岛、马格里布和西非的穆斯林居民。

物品的精华

待到万物成熟之时，方可撷取其精华。

您要习惯定义、描述、观察、命名、评估、体验……这有助于您去芜存菁。近距离观察物品，纤悉无遗，不忽视它们的优点和价值，更不放过它们的平庸和缺憾。

不被物品的表象所迷惑，去探究它们究竟能带给您什么。

精华，集万物于一身：它可能是晨曦雾霭中的一颗明星，可能是熠熠生辉的一轮太阳，也可能是一只简单质朴的茶壶，但绝不会像小儿信手涂鸦的大象一般幼稚随性……不过，值得注意的是，一样东西越简单，往往就越有品质。

主动挑选物品，而不是被动忍受物品

> 老画家王佛和他的弟子在汉朝的街道上散步，他们步履缓慢，因为在夜里，王佛要观察星象，到了白天，他又要观察蜻蜓。他们没什么行李，因为王佛只喜欢欣赏物品，并不喜欢将它们尽收囊中；于他而言，这个世界中，除了几支画笔、几罐颜料和墨水、几卷绢帛和宣纸，没有什么值得拥有。
>
> ——玛格丽特·尤瑟纳尔[1]《东方故事》

1　玛格丽特·尤瑟纳尔（Marguerite Yourcenar，1903—1987），法国诗人、小说家、戏剧家和翻译家。她于1980年当选为法兰西学术院院士，是第一位入选法兰西学术院的女性。

享受轻装上阵的感觉。

没有人能够把整个海滩的贝壳都据为己有。物以稀为贵，贝壳也正是因为数量稀少而格外美丽！

许多批量生产的物品毫无灵魂和美感。这样的“死物”，叫人如何欣赏？

在这方面，日本人可以当我们的老师，因为从古时起，他们就只愿拥有低调质朴的小物品。这些物品只服务于它们的主人，而不必迎合大众，这样能够减少物品与主人的心理隔阂。每样物品都做工精良，颇具美感，实用、轻便、小巧，可折叠，可移动；在不用时，它可以直接放进背包、口袋，或者仅用一方丝帕就可收纳妥当。这些物品，在使用得当时备受赞叹，被视作圣物，珍而重之。在这方面，日本人对孩子的教育也十分严格。

那么，为了能优雅老去，轻松前行，我们或许可以借鉴日本人的经验，从他们的传统中得到启发，选择一种严格遵循基本需求，却不失舒适与精致的生活方式。

科技的大举入侵，削弱了我们的精神生活。我们甘于平庸。如果我们能够从心所欲地生活，那我们必然只会选择优质的物品。

学会认识自我，认清自己的喜恶。当您看到梦寐以求的花园时，扪心自问，它究竟有几分令您心动。如果这座花园苍翠而“清净”，就别在这里添一丛黄色郁金香，在那里加一盆粉色天竺葵。仅由各式绿荫环绕的花园，能够带来视觉上的安宁。种植单一重复的花草，与自然相悖；而在庭院或花园之类的方寸之地种植过多不同品种的花草，也会显得矫揉造作、繁杂琐碎。

我们所拥有的物品，不仅应当替我们节省体力，还应当使我们的灵魂受益。对心灵而言，感受和直觉已然足够。要有讲究地做选择，才能过上优质的生活。首先，去寻找那些最适合您、最合您心意的物品（衣服、家具、轿车……），然后再看包装，看品牌。

学会评估您看到的事物。随着物质世界里的各色元素逐渐贴近您的真实需求和品味，您的内心会变得越来越平静。

在您的小天地里，只接受那些对您胃口的物品

慢慢了解您的喜好，从而了解您喜欢的生活方式。

——萨拉·布雷斯纳克[1]

思想固然重要，物品亦然。大部分人并不完全了解自己真正喜欢什么，也不知道什么才是适合自己的生活方式。

物品是我们情感的寄托。因此，它不仅要实用，还要能带给我们愉快的体验。好好筛选一番，扔掉外观丑陋、不合时宜的物品：这些物品会散发负面的气场，和噪声污染、变质食物一样，破坏我们的舒适感。

长期和我们不喜欢的物品生活在一起，会让我们变得无精打采、郁郁寡欢；当这些东西（或有意或无意地）刺激我们时，我们的内分泌系统会产生有害的分泌物。人们常说："啊！这真是烦透啦，真让我恼火极了，我可受不了了……"

1　萨拉·布雷斯纳克（Sarah Breathnach，1947—），《纽约时报》畅销书作者，著名女性作家，1995 年出版代表作《简单富足》，《乔治》杂志推崇她为"美国最迷人和最具有影响力的女性之一"。

反之，一件完美的物品能带给我们无可替代的慰藉、安宁和平静。

下定决心，只保留您最喜欢的物品，其他一切都没有意义。不要让平庸、过时的东西侵占您的空间。拥有极少的物品，但它们都得是最好的。不满足于一把差不多的扶手椅，要买就买最漂亮、最轻便、最符合人体工学、最舒适的那一把。

不要犹豫，摆脱“差不多”的物品，把它们统统换成最完美的，哪怕这笔钱在很多人看来是铺张浪费。极简主义所需不菲，但为此做出的付出，可以使您达到严格意义上的极简状态。通过做出错误的选择，我们才能发现真正适合我们的。这些错误，正是我们的老师！

选择实用、坚固、符合人体工学、兼具各种功能的物品

好用的东西往往赏心悦目。

——弗兰克·劳埃德·赖特[1]

简单，是美观和实用的完美结合，不带任何累赘。

只拥有极少的物品，手工制作的也好，批量生产的也罢，在挑选时就需要注意，让它成为您身体的一种延续，为您服务。如果有两个瓶子，一只瓶身完美贴合您的手掌，而另外一只不仅拿着费劲，

---

1 弗兰克·劳埃德·赖特（Frank Lloyd Wright，1867—1959），美国建筑师，工艺美术运动美国派的主要代表人物，美国艺术文学院成员，享誉世界。代表作包括建于宾夕法尼亚州的流水别墅和芝加哥大学校园内的罗比住宅。

用着也不顺手，自然您会更多地使用前者。透明的玻璃瓶，让人一眼就能看出里面装了什么，装了多少。

通过使用一件物品，我们才能发现它的价值和品质。不要不惜一切地追求所谓“更好”，我们要找的是可靠、耐用、符合原本设计用途的物品。在买之前，摸一摸，掂量一下，估个价，打开它，再关上它，把它拧紧，再拧开，试用一下，检查一下，看一看，听一听（比如闹钟、门铃的声音）。

陶瓷制品应当手感轻盈，玻璃制品则要坚固耐用。哲学家、民间艺术品收藏家柳宗悦说过，正如一个好工人得身强体壮，日常器具也应当结实耐用。华丽而脆弱的物品不适合日常使用。要是您想欣赏“漂亮”餐具，何不多光顾高档餐厅呢？自己使用的，应当是纯白、厚重的陶瓷餐具，不会摔坏，不会过时，集各种风格之大成，把食物衬托得更加诱人。除非品味奇特，一般人绝不会对这样的优雅心生厌倦。李氏朝鲜王朝时期的碗，如今价值不菲，但在那时，它们只不过是朝鲜农民用来盛饭的碗。这些碗本来就不是用于欣赏，而是为了满足日常需求。

日用品不能是易碎品，制作也不能过于粗糙，因为美观和实用总是相伴相生。无用的物品，即使外观漂亮，在某方面也会有缺陷。

如果因为一样物品很珍贵，所以在使用它时总是小心翼翼，生怕弄坏，那么这种小心翼翼就会破坏拥有和使用这件物品带给我们的愉悦感。禅宗大师在日用品、大自然和寻常造物中挑选他们的珍宝。在这些物品中，他们寻找着非同寻常的美。真正的美就存在于我们身边，但我们往往没有察觉到，因为，我们总是追求过于遥远的事物。

即使是日用品，比如一只茶壶或一把小刀，当我们欣赏它的便捷，常常使用它时，它也会具有美感。通过只有自己才能体会到的细微满足感，它们在丰富着我们的日常生活。

比起“空洞”美（比如偶像亲笔签名的盘子、名牌内衣……），试着把重点更多地放在视觉美上。只使用能够及时满足需求的物品，这些物品有美感，但不只是空有美感。

选择历久弥新的“基本款”

多使用“基本款”。要想使我们的想象力得到充分发挥，尽量选择依照传统工艺制造的物品，因为它们凝聚着工匠们代代相传的手艺、经验和智慧；不要追捧那些只懂得追名逐利的艺术家的作品。购买一只优质手袋，或者一家知名珠宝店的珍珠项链会被人视作附庸风雅，但我们有必要了解这些物品是如何被制作出来的，以便对它们的价值和品质心中有数。

选择非合成的材料，远离华而不实的东西。选购洁白无瑕的温润瓷器，单凭外表和色泽就值得购买的漆器，纹理和质地富有天然美感的木料、织料（比如羊毛、棉布、丝绸……）、石料……

每一次选购，买下的都是我们自身的一部分。

随着工业化的发展，我们失去了观察和判断物品内在品质的能力。如果您还买不起心心念念的沙发，就慢慢攒钱，直到买得起的那一天。千万别去买一个临时的“替代品”。您很可能会变得习惯于此……习惯为了省钱而得过且过！

心怀不切实际的企盼，总好过甘于平庸的现实。

品质是无法用数字来衡量的。它满足的是人体及其周围环境的需求。

优质好物总是因其优雅和精致而愈发美丽。漂亮的真皮制品，用得越久，越是柔软发亮。粗花呢制成的衣服，穿得越勤，磨损得越厉害，就越让人感到满意、舒适。木材越老，越让人感受到满心满眼的热情。但合成材料若是变旧了，就会变得丑陋，惹人心烦。请选择有生命力的材料。

品质与奢侈

物品太多，反而无法物尽其用；刺激过多，反而对人不利，让我们面对简单的事物，再也发挥不出想象力。

日常生活中和谐共处的色彩和非合成的材料（天然木材的纹理、色泽……我们只需加工它的形状），使我们的视觉和触觉得到放松。

一旦尝试过品质优良的产品，您将无法习惯平庸之物。

但在消费型社会，人们越来越不重视品质了，他们对品质没了要求。品质需要金钱的支撑，因为优质产品只能少量生产。于是，它就成了奢侈品。

一位奢侈皮具商人告诉我，一些微不足道的小物件，最后算起来，会比一件价格高昂、品质优良的产品还要贵，但一件优质好物，能让您用一辈子，让您一看见它就能拥有好心情。

调和的艺术

单单拥有少量的漂亮东西是不够的，还应当使它们变得协调，让它们的风格趋于统一，从而达到浑然一体的效果。

能反映您个性的风格，是对您自身面貌的最佳诠释。

简单，还意味着在寥寥数样独一无二、不可或缺的物品之间构建和谐的关系。

通过节俭和简单，赋予您的生活价值和风格。

通常，无论是从美学还是从其他角度来看，少即是多。一件物品在发挥效用时，就是美的，也就是说此时它是独立的，但同时又与周遭环境十分和谐。花瓶中的一朵花蕾，凝聚了整个大自然，四季更替，万物无常……

没有配茶杯的茶壶，没有配茶盘的茶杯，与房间风格不相配的茶盘，都会打破某一时刻、某一地点的和谐与安宁。一个路易十五时期的大衣柜，放在现代公寓里，只会显得格格不入。

给予物品充分的空间和尊重。虽然拥有极少，但也要发挥物品的最大用处。不是攒满一架子的小瓷偶，就能让您的客厅变得更雅致、更舒适。除了装饰别无他用的物品，会给人带来凝滞、僵化、死气沉沉的感觉。简洁，反而能激发人的想象力、创造力和行动力。

分享一个小窍门：当一个环境中的所有物品都属于同一色系时，整体感觉会没那么琐碎，还能让我们在视觉上感到放松和井井有条。

衣橱：张扬个性还是返璞归真？

张扬个性和返璞归真

当一个女人衣着大方得体时，她会忘记自己的外表。我们把这称作魅力。当您越不自知，您就越有魅力。

——斯科特·菲茨杰拉德[1]《夜色温柔》

风格，武装思想。个人风格要懂得向离经叛道的时尚潮流说“不”。它把您“穿什么”和您“是什么”这两个命题结合在了一起。

时尚易逝，风格永存。时尚好似一出光怪陆离的戏剧，而风格则奉简单、美丽、优雅为圭臬。时尚可以买来，而风格由您自己掌控。

风格是一种天赋。

年岁越长，女人的风格就越纯粹。我们可以在既有风格的基础之上，再添几分风度翩翩，因为品质的终极价值，就在于其中流露的从容大气。

最好的风格，是穿出真实，而不是一味讲究服饰。要创造自己独有的迷人风格，关键就是简单。无论是对一个女人，一张照片，

1　斯科特·菲茨杰拉德（Scott Fitzgerald，1896—1940），美国作家、编剧。1925年，他的代表作《了不起的盖茨比》问世，奠定了他在现代美国文学史上的地位。他的小说生动地反映了二十世纪二十年代“美国梦”的破灭，展现了美国经济大萧条时期上层社会“荒原时代”的精神面貌。

一块倒映着壁炉中煦煦火光的地板，还是一张只放着三两只式样简单的碗的矮桌来说，简单的原则都是不变的。运用于建筑和诗歌的原则，也同样适用于衣着穿搭。

优雅的女人不会像一棵华而不实的圣诞树。白天，她们穿着剪裁考究的职业套装；晚上，她们换上简单大方的优雅裙装，配以一两件漂亮的珠宝首饰。她们坦然面对他人投来的目光，因为她们相信自己魅力十足。

至于色彩，有了米色、灰色、白色——当然，别忘了黑色——就能包罗万象……

据说，身着黑衣的女人，生活往往丰富多彩。著名服装设计师山本耀司这样解释他对黑色的热衷：穿着让别人厌烦的颜色，干扰他人，于己也无益。黑白两色，足矣。它们有绝对的美感，让我们得以深入本质（无论何种肤色、发色、瞳色、首饰的颜色……都能被黑色和白色很好地突显，有时米色和海蓝亦可）。通常情况下，避免所有印有图案的、有花纹的、色彩繁复的、有圆点或条纹的布料。

要确保衣橱里的服饰不单调，最明智的做法，就是先选择两三种色彩作为主色调，然后再根据自己的心意，谨慎地增添几样活泼而纯粹的颜色。

一个朴素而经典的衣橱，让晨起穿衣变得轻松，免得我们日常为了做选择而伤神。十来套可以随意搭配的得体着装，就足以应对任何场合。

过于紧身或过于宽松的衣服，都和优雅不沾边。女人们早就厌倦了费心费力寻找合适的衣服，厌倦了不仅要永远展现出光鲜亮丽的一面，还得游刃有余、富有魅力。丢掉所有不成套的、太小的、太旧的、“太夸张”的衣服。穿旧衣服，人也会变得老气。

让您的衣橱成为一个整洁宁静的港湾。如果您不是为了工作或者外出挑选着装，不妨选择两三条质地优良的牛仔裤。它们既舒适又实用，可谓首选优质好物。

一位着装得体的女士，她的外表不仅能体现出她良好的品味，还能体现出她的才智、幽默和胆识。

只对一种风格情有独钟：当我们试图和太多人保持一致时，很容易迷失自我。只有认清了自我，您才能形成自己的风格。

每天都有许多选择摆在我们面前，这些选择可以帮助我们定义独一无二的自我。最理想的状态，就是根据您自身的形象和您想要展现给他人的形象来做决定。事实上，您现在的形象，是由您日常生活中的点点滴滴构建起来的。

风格，某种风格，让我们感到自在的、属于我们自己的风格。牢牢记住那些大方得体、端庄优雅、自信十足的时刻。这样的感觉也会被身边的人捕捉到。我们对服装和首饰的选择也能给旁观者带来愉悦和乐趣……我们也有义务给我们生活的这个世界增添一抹美丽的色彩。您衣橱中的每一件单品都应当能独当一面。打造属于您自己的风格吧！

您的衣服和您讲的是同一种语言吗？

衣服之于身体，就像身体之于精神。因此，服装既要合身、实用，还要反映我们的内心。首先，在脑海中规划您的衣橱。刚开始时，寻找适合您风格的配饰（比如鞋子、手袋），再慢慢构建出一个真正属于您的衣橱。您的服装代表您现在的样子，也代表您憧憬的模样，它展示了您的想象力、您的决心、您的耐力、您的政治态度、您的心思和您的生活方式。您还没开口说话，它们就先替您讲了出来。

生活并不简单，它要求我们扮演多重角色。今天，我们又扮演了谁呢？

我们的服装就好似我们本人，打上了我们个性的烙印。对着我们的镜子、我们的家人、我们的好友，甚至我们在路上偶遇的人，服装都能替我们发声。衣橱应当反映出最贴近本真的风格。

让自己感觉无拘无束，这意义重大。服装的精神可以渗透进我们的身体。如果我们能接受生活的简单，我们就能够更有力地拒绝所有的过度。

得体的着装能够带来内心的平静和尊重。当着装符合心意时，我们能立即感受到一种和谐。我们的服装既能成为我们的朋友，也能成为我们的敌人：它们能把我们变得光彩照人，起到保护我们的作用，也能让我们树立错误的形象。衣服甚至有种魔力，能够改变我们的行为举止。

让您的衣橱简单起来

您拥有什么？您需要的又是什么？好好生活，需要我们回归简单、理性与和谐。一件衣服的简单，造就了它的价值。少，依旧能带来多。

选择款式经典的服装，每年可以穿八个月，既可以搭配，也可以单穿。在质地上（比如天鹅绒、皮革、丝绸、羊毛或山羊绒）下功夫，不失为一种机智的解决办法。

做出选择：只保留您最钟爱的衣服。改变永远都不迟。今天，您只要主动向它迈出一步。舍弃那些不合身的、旧的、不知为何从来没穿过的衣服。舍弃那些出于不切实际的幻想买下的衣服，那些因购物时看走眼买下的衣服，那些因沮丧或脆弱心血来潮买下的衣服。

找到理想的着装，可以消除不合身带来的长期压力。理想的着装让您早上出门时一身轻松、心情舒畅，让令您感到心烦的日常琐事又少了一件。

“少”意味着再也不需要站在衣橱前，面对一堆“差不多”和“不算太丑”的衣服犹豫不决。经过一番精挑细选，留下来的衣服更出彩，也更容易搭配。与其每天都看着一条讨人厌的裙子挂在衣橱里，不如扔掉它，一了百了。

每个女人都曾因看走眼买错过衣服，这些衣服穿在身上，只会令您的风度大打折扣。

不合身的衣服，会刺激我们吃更多的东西来抚平心中的焦虑。在 80% 的时间里，我们都只穿了衣橱里 20% 的衣服。剩下的要么不讨喜，要么不合身，要么太旧。

穿着不合身的衣服就别留着了。如果您瘦了二十斤，您肯定想让自己以全新形象示人。重新审视每一件衣服，想想它应当搭配什么样的饰品（比如一双不一样的丝袜、一根别出心裁的皮带或者一条珍珠项链）。

别用套头衫来配套装短裙，别用网球鞋来配手袋。认真思考您的每一场活动，以及与之搭配的着装。把您缺少的单品列成一张清单。

您的必备单品……

……就是“真正的”衣服。

丢掉那些穿一季就大变样的衣服。一件衣服的质量应当过硬，无论怎么穿，洗上数十次，也不变形，不起球。

拥有几件主打单品（几条质地精良的羊毛长裤，一件冬天穿的粗花呢外套，一两件适合夏季或换季时穿的亚麻服饰，一件质量上乘、赏心悦目的大衣……）、若干T恤衫，以及不同款式的上衣。

搭配至少三套适合三种场合（周末、外出、工作）的完美着装。如果您常常待在家中，那就根据自身情况规划您的衣橱。

如果您在坐飞机时遗失了您的行李——我有一次去加利福尼亚旅行时就遇到了这种情况，您会重新购买什么衣服呢？

衣橱里只需如下物品，就足够您过上好几个月了：

· 七件外套（短款夹克衫、防风薄外套、长款保暖大衣……）；
· 七件上衣（套头衫或者Polo衫、T恤衫、衬衫……）；
· 七件下装（长裤、牛仔裤、短裙……）；
· 七双鞋子（休闲鞋、高帮皮靴、高跟鞋、凉鞋、室内拖鞋、莫卡辛软皮鞋……）；
· 若干饰品（帕什米纳山羊绒披肩、丝巾、皮带、帽子、手套……）。

内衣、睡衣和洗漱用品另算，但也要深思熟虑，谨慎选择。留着不会再穿的变形睡袍，囤积穿半年都不重样的丝袜，能有什么好处呢？正是这些小细节，透露出一个人的严谨、理性和女人味。

选购、预算和保养

> 百货商店刺激了对身体、美丽、风流和时尚宗教般的崇拜。女人们去那里打发时间，就和去教堂一样，是一种消遣。在那里，她们激动不已，互相攀比对时装的热爱、丈夫的财富和美丽表相之外的人生悲剧。
>
> ——爱弥尔·左拉[1]《妇女乐园》

优雅的服装和精致的妆容，能够传达出积极正面的能量气场。一个女人，应当把自己的健康、美丽和经济状况摆在首位。

不要总是消极被动。您可以改变。您可以变得光彩照人。建立自信心，需要的只是一点点时间、自爱和自重。

给自己留出一笔买衣服的预算，就像给购买食物和子女教育做预算一样。穿着得体并不是一件奢侈的事情，而是平衡生活的一部分。衣服是我们的包装，让自己的外表变得更加完美，不应当成为

1　爱弥尔·左拉（Émile Zola，1840—1902），十九世纪法国最重要的作家之一，自然主义文学的代表人物，代表作有《三城记》。

一件让人觉得有罪恶感的事情。它和舒适的住所、精美的食物同等重要。事实上，它是整体的一部分。它事关我们生活的平衡。

首先考虑您想要什么，需要什么，然后再考虑价格。

定价不菲的衣服要常常穿，穿久一些。它越是贵，您就越应当多穿它。

选择经典款式、经受了时间考验的品牌和容易保养的衣服。富裕的人深谙投资经典的道理。您可以从百搭单品——一双黑色皮鞋——入手。

当您决定购买一件单品之前，要确定它至少能搭配您衣橱中的五件单品。您的每次购物都应当遵循这一信条。

绝不能仅仅因为“合算”而买下一件衣服。

整理您的衣服。用恰当的方式折叠、悬挂、通风、保养……的衣物，拥有更长的使用寿命。

把过季的衣服放在其他地方，以免在打开衣橱时感到迷茫。

像爱惜您的身体一样，爱惜您的衣服。在衣柜里放上香薰，保护羊毛制品免受虫害，把它们收在密封袋里，在袋子里放上一小块肥皂。购买品质优良的木质衣架，把干洗店的衣架和购买时附赠的衣架都丢掉。款式一致的漂亮衣架（男士衣架和女士衣架分门别类），可以使您的衣柜和奢侈品店的陈列如出一辙，给您的每一次更衣增添一点小小的满足感。每当听到木质衣架彼此碰撞，发出丁零当啷的响声，我都会心生欢喜。

旅行箱包

行李多的旅行者才是穷人。

——英国谚语

太多大大小小的包，或者一个太重的行李箱，往往既浪费时间，又浪费金钱（需要寄存、乘出租车、托运行李……让人腰酸背痛，烦躁不安）。再来一次，无论是在家，还是在旅途中，只要能减少一点重量，哪怕在牙刷柄上打个洞也没关系。旅行时带一管多功能肥皂（洗头、洗衣、洗澡……），一瓶多功能护理油（面部、指甲、头发、身体……），用消毒湿巾代替医用棉花和易碎的瓶装消毒液！

三个包就足以满足您的需求：一个行李箱，一个通勤包，一个外出用的小包。当然，别忘了您最珍爱的化妆包！

化妆包

化妆这一变美仪式的乐趣之一，就是使用那些漂亮精致的物品：小瓶子、套盒、小匣子、小袋子……化妆包不只在旅行时才派上用场，您每天都会用到它。它是少数能应对不时之需的物品中最重要的那一个，是女人的第二个秘密花园，也是她忠诚的仆人。

女人通常会在化妆包里备好药品、化妆品、首饰和最私密的物品。有了化妆包，您随时可以在三分钟内出门，周末外出度假也不会忘记防晒霜和脱毛钳。进了酒店房间，化妆包是最先被打开的；哪怕在家，它也能让您拥有一个整洁的浴室。在 15 个小时的长途飞行之后，还要在行李箱底摸索牙刷的位置，可不是什么愉快的体验；更别提那些为了舒适不得不装在行李箱或行李袋里的瓶瓶罐罐、吹风机、相机胶卷、室内拖鞋、针线包、修剪指甲的工具包……要占用多少地方。

此外，化妆包可以帮您放弃那些它装不下的东西。

手提包，您的小天地

每一天都是一场旅行，您所需的都在您的包里：钥匙、现金、手机、通讯录、化妆品、药品、珍贵的照片……

您的手提包是您的一部分。它陪伴您的时间比您的任何一件衣服都要长。因此，必须要精挑细选一番。

手提包里的物品，完全可以反映出一个女人不为人知的一面：凌乱不堪，有条不紊，时髦新颖，大大咧咧，嗜好美食，热衷打扮，干净整洁，邋里邋遢，谎话连篇……

一些女性用手提包掩饰自己，把它变成了社会地位的象征。手提包是她们的秘密花园。需要认真挑选：不仅要外观漂亮（不需要每天早晨都换一个）、轻便（即使装满也不会超过 1.5 千克），还得有设计合理的内袋（免得花十分钟找一张纸巾或者一张火车票），以及优良的品质。

买一个品质优良的手提包，是一项明智的投资。宁要一个好手袋，也不要十个只能用一个季度，后面就不知该如何处置的包。

您只需一个手提包，但要懂得如何在各种场合得体地使用它。

不去迎合这个无节制的消费型社会，给自己买一个经久耐用、能带给您好心情的包。

手提包是您最亲密的伙伴。它能够展示超出您自身范畴的个性。一个女人的手提包里不仅装着世界，还装着她的小天地和她的生活方式。它不仅发挥了装饰、保护、社交的作用，还具有十分广泛的心理学意义。

手提包反映了主人的憧憬和日常，承载着主人的梦想和秘密。它是男人本来就没有，将来也不可能有权利“刺探”的唯一私域。它象征着主人身份的一部分。诚然，生活的美好不局限于一只手提包，但它是其中的一部分。

二十世纪五十年代，每个女人都要有一只好手袋和一双与之相配的鞋子。女人们选择适合自己的款式，自然也就创造出了属于自己的风格。那时还没有成衣时装，一切服饰都是根据每个人的身材和外表量身定做的。

的确，如今，出于身材和金钱的原因，不是所有女人都能穿上高级定制时装。但对手提包而言，不一定要有最完美的身材，我们就能花最少的钱去展现魅力。无论是一条简单的裙子，还是一套朴素的便装，只需搭配一只手提包，它的色调和风格就立马变得不同。手提包的色彩甚至能够修饰体态。

如今，手提包的款式和风格数不胜数，但经典款式（比如凯莉包、托特包……）仍未被淘汰，就好像它们已经牢牢印在了女人的潜意识中，没有什么能将之抹去。

如今，女人外出的次数越来越频繁，携带的东西也越来越多。因此，在挑选手提包时要注意，内里的衬布是否结实（比如是否是厚毛头斜纹棉布），是否有多个内袋，以避免因额外的物品（比如化妆包、眼镜盒、厚钱夹……）而显得累赘。所有精心设计的手提包，都应当有一个单独的夹层，用来放置粉底、手机、眼镜、纸巾和名片，还应当有一个挂钩，用来挂钥匙……

虽然世界不在我们的掌控之中，但是手提包，可以让我们随时进入自己的小天地，这里充满了秩序、奢华和畅快。

一个美观耐用的手提包应当做到（基本标准）

- 外在和内里一样美观（参考英国女王伊丽莎白二世的劳娜包）。
- 价格不菲（品质优良），但是外观简约（参考杰奎琳·肯尼迪的卡西尼包）。
- 可用作装饰，当置于沙发上或脚边时，为您增添一抹优雅大方。
- 可用作配饰，挎在臂弯里，或放在膝盖上。
- 触感柔软，不伤双手。
- 每次使用，都能让您感到隐隐约约的快乐。
- 外观会发生各式各样的改变，但都同样的迷人（无论是三年、七年，还是十年以后……）。一个好手袋能用上几十年（上乘的材质和优良的设计）。一个新手袋，不会如此美丽，您需要耐心的等待。
- 要足够中性，能搭配您衣橱里的所有衣物（除了用作首饰的晚宴包）。
- 皮质应当柔软（用于取皮的动物要在良好的环境中精心喂养），使用时间越长，越有光泽（避免使用有涂层的粗糙皮革）。

· 不怕雨淋。

· 搭配这样一条包带：背在肩上时不会太短，挎在臂弯里也不会太长。

· 包的底部最好有小钉子，这样放在地板上也不会弄脏。

· 选择“合适的尺码”，就像大衣和帽子一样，来修饰您的曲线。根据您展现给他人的“形象”挑选手提包（太小的包会显得您过于壮实，太大的包又会妨碍到您）。

· 不能有凸出的硬角（这会扼杀女人的温柔气质），也不能过于圆润（这会让包里一团糟）。

· 即使装满物品，也不能重于 1.5 千克。

· 包里的小物品要讨人喜欢：是细节决定了您的品味（一本封面油光锃亮的日记，一个小钱夹，一方绣着姓名首字母的纯白小手帕……）。

第二章 极简主义的好处

时间：减少浪费，最大化利用，合理安排

今天是我们最宝贵的财富

> 短短一日光阴，比一座金山还珍贵。如果您憎恶死亡，就应当热爱生命。
>
> ——吉田兼好[1]《徒然草》

我们唯一真正拥有的，不过是每一天的光阴。我们活在今天，

---

1 吉田兼好（よしだけんこう，1283—1350），本名卜部兼好（うらべかねよし），又称兼好法师，日本镰仓时代后期的歌人、随笔家。他精通儒、佛、老庄之学，文学造诣深厚，代表作有《徒然草》。

不在昨天，也不在明天。时间是神的恩赐。如果不能把握当下，我们一样把握不住虚无缥缈的未来。

但最重要的，不是拥有时间，而是拥有生活的品质。

不要掉进这种陷阱：现在如果不立即去做想做的事，将来就会来不及。您现在所做的一切，都是在为将来做准备。一切都需要慢慢积累。

人们想拥有时间，拥有之后，却又千方百计地消磨时间

> 生活会在某一时刻赐予我们所有人，一些瞬间。在这些瞬间，我们所做的一切，都如水晶般晶莹剔透，亦如万里无云的晴空般清澈湛蓝。
>
> ——安妮·莫罗·林德伯格[1]

有时候，如果您面对大把时间，感到无所事事，那么您应当试着弄明白自己身上究竟发生了什么，试着去界定您的反应。这是走出这一阶段需要迈出的第一步。

我们常常抱怨自己浪费时间，虚度光阴，时间不够用……一个人应当做到，花两三个小时等一趟列车，独自待着，什么也不做，甚至也不读书，却不会感到厌烦。沉思是一种宝贵的财富，能带来无与伦比的快乐，有了它，生活会变得可爱许多。我们浪费了太多的时间：追忆过去，悔之晚矣；面对当下，麻木不仁；设想未来，

1　安妮·莫罗·林德伯格（Anne Morrow Lindbergh，1906—2001），美国作家、飞行员，于1979年入驻美国国家航天名人堂。

惶恐不安。这么多时间，都被我们白白糟蹋了……

要利用好每时每刻，最有效率的方法之一，就是投入其中。尽可能做更多的事。人们常常因无事可做而感到沮丧、抑郁。每天早晨，记得感谢新一天的开始。天气的好坏不重要，重要的是您将如何利用这一天。

休息一下

何时休息都不算晚。

——孔子[1]

去度假吧。给自己安排一个为期三天的周末。远离资讯，远离繁华喧嚣的城市，远离任何能诱发焦虑的事物，到一个安安静静的地方去，放松身心。寻一处供应三餐，适合静修的住所。

去打听、收集各种类型的住所，只要它们合您的心意。这样做，只是为了当您感到疲惫不堪，亟需一场旅行，却完全没有精力做选择时做准备。

就这样，您踏上了旅途，随身只带极少的行李：过多的行李会破坏出行和居住的简单。一套换洗衣物、一把牙刷、一支笔、一个小记事本，足矣。不要给自己制造太多的物质焦虑。大多数时候，身外之物都损耗了我们太多的心神，令我们操心过度。同样，为了远离它们，我们需要度假……

1　原文如此。法语为“Il n’est jamais trop tard pour RIEN faire”，暂无法确认具体来源。

您也可以时不时地早起一次，去一家舒适的咖啡馆吃早餐，或者准备一场野餐，好好地欣赏一番落日余晖。

时不时“换个速度”，可以帮助我们避免被单调的日常同化，更积极地活在每一刻。

简单化您的生活，能使您获得更多精力。这样，您也可以更好地面对其他人，应对不同的情形。轻装上阵，当下也可以充满激情。欣赏周围的一切。琐事少了，我们就有更多的时间来思考，做梦，放空。学着一整天待在家中，读诗，下厨，焚香，品一杯好酒，赏一轮好月。精简家务，培养您的创造力，照顾好您的身体，同时维持良好的精神状态。

偷懒的乐趣

> 我饮茶，吃饭。淡然度日，观潮起潮落，赏群山连绵。啊，多么自由，多么平和！
>
> ——一位道士

偷懒是一种奢侈，而非萎靡不振。它值得被欣赏，被玩味，被视作一份天赐的礼物，正所谓偷得浮生半日闲。

轻装上阵，合理安排，偷懒也能成为一桩美事。我们要小心太多的顾虑。我们要学会收回花在身外之物上的时间，还自己以片刻闲暇。

太多的人被所谓的激情支配，实际上，这不过是某种形式的被动。这样做是在自我逃避。最高形式的主动，发生在一个人能停下来反思自己的经历和存在的本质时。

只有当我们拥有了内心的自由与独立时，这样的主动，才得以真正实现。

清醒地活着

> 当我，偶尔心血来潮，去河边汲取一捧清澈的河水，好准备餐食。一滴滴流水，使我陶醉。哪怕眼前朴素的柴堆，都令我心花怒放。
>
> ——松尾芭蕉[1]《纪行》

学会神志清醒地活着，是佛教、道教和瑜伽的基础。这些哲学思想出现在许多思想家和艺术家的作品中，比如爱默生、梭罗、怀特曼、美洲的纳瓦霍人[2]……

这种态度，开启了通往无限的创造力、知识、决心和智慧的大门。要想活得充实，前提条件就是让自由和开放的心灵完全觉醒。

在日本禅宗中，至为关键的一点，是把负担减到最小，专心于一件事。无论是听音乐，读书，还是看风景，您都得心无旁骛。若是活在当下，您就不会感到疲倦：大多数时候，往往是设想不

1　松尾芭蕉（まつおばしょう，1644—1694），是江户时代前期的一位俳谐师的署名，被称为“俳圣”。松尾芭蕉将轻松诙谐的喜剧诗句提升为正式形式的诗体——俳句，并在诗作中营造了禅的意境。

2　纳瓦霍人（Navajo）是美国印第安原住民族群中人数最多的一支，据估计有30万人，主要居住在新墨西哥州西北部、亚利桑那州东北部和犹他州东南部。纳瓦霍人制作的彩陶和毛毯远近闻名。

得不做的事，而非手头真正在做的事，让人们感到不堪重负。正因如此，懒惰的人常常感到抑郁消沉。懒惰会减慢新陈代谢的速度，导致血压下降，如今这已得到了科学证实。

既然无论如何，生活都要继续，那么，何不用一种体面的姿态，沉着笃定地去完成这些事呢？

把重复性的任务当作集中注意力的训练

我们应当畏惧的不是将来，而是当下流走的时光。

只要留心培养注意力，摈除杂念，我们就能解决这个问题。只有当下的主动才是最重要的。慢慢试着把注意力放在“此地”和“此刻”上。能够改变当下的生活质量，是一种极为可贵的才能。正如我们身体里的每一个细胞都有其他所有细胞的基因，我们生活中的某一刻也反映了其他所有的时刻。

时刻准备好面对意外

在禅寺里，僧侣每晚都会聚在一起，商量第二天的餐食。对他们来说，任何事都应当提前安排，即使是当下正在做的事，也应当有一个出发点。

当我们对一切可能的突发情况做好了准备，我们就会更加从容不迫：一个朋友的突然来访，一场骤雨，一件十万火急的事，一封最后一刻才收到的邀请函！这是充实地活在当下的最佳方法。

曾听人讲过这样一个故事，一个日本女人，得了一种病，随时都可能发病住院。二十年间，她每晚都会为自己的离开做好准备，只有把第二天的饭准备好了，把衣物熨烫平整，叠得整整齐齐，把家务做完，再把自己的小旅行袋放到玄关处，她才会去睡觉。她的首要考虑，是她的离去不会让家人有任何担忧：这是她为尽可能平静地接受自己的命运采用的方法。

把最简单的行为神圣化，为您的生活增添仪式感

> 因为有了仪式，某一天才有别于其他任何一天，某一个小时才有别于其他任何一个时刻。
>
> ——安托万·德·圣-埃克絮佩里[1]

人们可以把吃饭、对话、做家务这些简单的举动变得神圣。

当您清晨醒来、啜饮第一口咖啡时，当您梳妆打扮时，当您在午后的路边闲逛、浏览商店橱窗时，当您买下心念已久的东西时，当您等待心上人的脚步声响起时，当您在阴雨连绵的周日胡思乱想时，当您一边看电影、一边吃着一碗剥好的石榴籽时，当您在周一的早晨重新下定决心时，这一切，都可以成为仪式。

想象您自己是格蕾丝·凯莉，一切自然而然地发生。当您漫不

1　安托万·德·圣-埃克絮佩里（Antoine de Saint-Exupéry，1900—1944），法国作家、飞行员，是法国的第一代飞行员。1944 年，他在执行第八次飞行侦察任务时失踪。其作品主要描述飞行员生活，代表作有小说《夜航》、散文集《人的大地》《空军飞行员》、童话《小王子》等。

经心地从小旅行箱里取出那件薄如蝉翼的睡衣[1]时，世界仿佛静止了。

您有哪些仪式呢？这些仪式又带给了您什么？

蒙田说，要想充实地活在当下，生活就应当充满各种仪式。当我们被日常生活的压力和限制所束缚，压得直不起腰来时，这些仪式能给我们带来安慰。

说到底，生活与意识息息相关。我们要做的不过是改善周围的环境，为仪式增添个性化的细节。

懂得如何生活是一种习惯，而仪式有助于习惯的养成。当我们赋予仪式以意义和魅力，它们就能够丰富其他各式各样的领域，带给我们满足、神秘、安宁和秩序。

它们让日常生活变得神圣，给我们的小天地增添了另一个维度。

不要因为没有遵循某些仪式而产生负罪感：如果您忽视了它们，但您自己也没有发现，这说明它们根本不像您想的那样，对您的幸福有极大的帮助。

仪式应当带给人满足感。如果真是如此，那么我们就应当尊重它，怀着最大的热情和活力去完成它。

---

1 此处为 1954 年美国电影《后窗》（*Rear Window*）中的情节，该电影由希区柯克执导，讲述了摄影记者杰弗瑞为了消磨时间偷窥邻居们的日常生活并由此识破一起杀妻分尸案的故事。格蕾丝·凯莉在此片中扮演杰弗瑞的女友莉莎，薄如蝉翼的睡衣正是她在该片中的经典造型之一。

关于仪式的几点建议

写作仪式

> 我有自己的仪式，这是一个看起来非常郑重其事的场景：一字排开的钢笔，一张特制的稿纸，一天中特定的时辰，书桌周围的物品整理得井井有条，咖啡的温度也恰到好处……
>
> ——多米尼克·罗林[1]

环境的布置，纸墨的质量，便笺簿的大小和装帧，扶手椅的舒适程度，桌面光线的明暗，都会使写作这一行为崇高起来。

备忘录仪式

《圣经》大小的斐来仕备忘录是最实用的必备单品。随处可见的便笺，无处可寻的账单，抽屉底部的菜谱，统统都用不着了。您可以把您最喜欢的句子、读书笔记、名片、收据，以及各种稀奇古怪的想法，放心地交付给您的备忘录。备忘录把您生活中的细枝末节，都规划得井井有条，又因其本身的活页构造，使用起来十分灵活，可以随时更新内容。再也不受束缚，再也不依赖线圈本，不需要为乱飞的纸张和电话机旁的号码簿发愁。备忘录的尺寸不会小到让您忽视它的存在，在您出门前也可以被轻松塞进包里。它是条理性的

1　多米尼克·罗林（Dominique Rolin，1913—2012），比利时作家，通过创作小说为女权主义发声。她曾获得法国费米娜文学奖，是比利时皇家法语语言与文学院的院士。

核心象征。

沐浴仪式

在挑选洁面、洗发和沐浴用品时，把选择范围缩小到最优质的产品中。在开始沐浴前，您所需的一切都应当准备妥当：音乐，蜡烛，一杯气泡水，出浴后穿的衣服，您甚至可能需要一件首饰。为了保持洁净的感觉，离开浴室时也要保证室内纤尘不染。

购物仪式

当您出发去购物时，要怀着追求卓越的捕猎者的心情：无论是从情绪还是从健康的角度出发，优质新鲜的食物都是不可或缺的。购物是一项需要想象力、常识和激情的活动。带上美观实用的购物篮、为家庭日常开支准备的钱包，以及您的购物清单，让所有的好运助您一臂之力。想要发现未加工的优质产品、美味的水果、“地道”的面包、良心的商家，是需要时间和恒心的。

鲜花仪式

鲜花的力量：每周一次，给自己买一些鲜花，不仅能给您的室内增添光彩，也能使您心情愉悦，哪怕只是在床头柜上摆一枝玫瑰，或是在浴室里放一束金黄的花毛茛。鲜花能够带来清新之气，据说还能帮助我们在面对压力时降低体内的肾上腺素水平。正如水果和新鲜空气，要想幸福地生活，鲜花也是不可或缺的。

在合适的时间做合适的事

> 在生日时，只要送我一个漂亮的巴卡拉牌或莱俪牌水晶香槟酒杯就够了。我不想拥有什么，更不想对它们负责。我只希望当我需要它们时，它们就在那里。只用为自己选一条漂亮的珍珠项链，告诉你的朋友们，送你一瓶泰亭哲香槟或一束浅紫色玫瑰，用不着选那些比它们更经得起存放的礼物。我什么东西也不想要，我只想要一些时光。
>
> ——一位美国女演员

每天散步半小时。

最好留出午休时间，哪怕只是在您的办公室里打个五分钟的盹。

翻阅您最中意的相册。您的生活，您的特点，还有那些塑造您、改变您、深爱您的人和地，都在您的相册里，一览无余。回顾这些照片，就是在做回您自己。

每天花十五分钟去完成一件对您来说很有意义的事情（比如阅读某位作家的作品、筹划一次旅行、编纂家谱……）。

一次只做一件事。

学会从容而坚定地拒绝。

不紧不慢地接电话。

让生活节奏慢下来，减少工作量，拒绝加班，可以的话，选择从事非全职的工作。

不循规蹈矩地生活：如果您平时爱喝咖啡，可以试着喝茶；下班回家时，换一条路线……

只拥有极少的物品。

根据日程安排重新分配家务时间。

每周做一次采购。

除了需要立即处理的公文之外，把办公桌上堆积的所有文件都清理干净。一摞文件长期堆在案头，只会不断提醒您那些必须要做的事，徒增您的压力和惶惑。

尽快回复您的邮件，不要遗留任何未完成的任务。

金钱，是我们的仆人，而非主人

金钱，就是能量

为了节约而创造，是奇迹诞生的催化剂。

——拉尔夫·沃尔多·爱默生[1]

我们的生活十分复杂，因为我们没有给予金钱应有的重视。我们应当努力理解金钱对生活方方面面的影响。想一想金钱与自然、思想、快乐、自尊、居所、环境、朋友、社会……之间的联系。金

1 拉尔夫·沃尔多·爱默生（Ralph Waldo Emerson，1803—1882），美国思想家、文学家、诗人。爱默生是美国文化的代表人物，是新英格兰超验主义最杰出的代言人。美国前总统林肯称他为“美国文明之父”，他的代表作有《论自然》《美国学者》。

钱与一切息息相关。

金钱是一种力量：无论我们愿不愿意，这种力量都构建了我们的生活。当血液在我们的身体里正常循环时，说明我们还在健康地活着。当金钱在我们的生活中流通自如时，说明我们的经济状况也十分健康。

当然，如果我们时时刻刻都要精打细算，就说明我们的收入难以糊口，这就更麻烦了。然而，我们真的懂得把钱花在刀刃上的道理吗？举个例子，不购买加工食品，只购买一些新鲜蔬菜、肉或鱼，这既能满足我们的味蕾享受和健康需求，也能照顾我们的钱包。

金钱是一种能量，但不幸的是，由于控制不好冲动的情绪，缺乏冷静清晰的头脑，我们往往让它白白流走。

我们当中的每个人，都对金钱有着自己的看法。这事关我们自身的能量。节约这种能量的最佳方法之一，就是满足于拥有极少。如果我们为了那些不值得的物品花钱，我们就会失去这种能量。

让金钱成为您的仆人

> 金钱充裕时，这个世界由男人做主。金钱匮乏时，做主的变成了女人。当一切遭遇惨败，女人的直觉就开始发挥作用。是女人找到了工作。所以，不管发生了什么，我们的世界还是在运转。
>
> ——《女士家居日报》，1932 年 10 月

您是否曾算账算得不亦乐乎？算算从掉第一颗牙收到的硬币开

始，有多少钱曾流经您手？如今，您的手头又有多少钱呢？

我们把太多金钱挥霍在了无用的物品和转瞬即逝的快乐上。让我们囊中羞涩的，不是那些经过深思熟虑的大笔投资，而是数不清的被我们抛诸脑后的小玩意儿。浪费，就是从餐厅出来，撑肠拄肚，疲惫不堪，比起收获的快乐，我们更加耿耿于怀的是巨额账单。浪费，是一想起做过的某件事，就后悔不已，是低价买下的套头毛衣，一沾水就掉色、缩水，是一张品质欠佳的床垫，睡起来硌得背疼。

反之，勤俭节约，避免超支，则是一种积极的选择，因为它能带给我们安全感。每个女性都应当有一个“安全-从容-储蓄”计划。把自己的需求缩减到生活必需品的基准线上，是实现这一目标最可靠的方法。

我们可以把金钱分成两部分：一部分用来维持简朴的生活；另一部分，也就是盈余的部分，只要我们攒够了，就可以拿来满足我们对“有钱人的想象”。

节约，是为了能够更少地工作，而不是为了挥霍。有了积蓄，我们就会更加积极，生活得也更加幸福，因为我们对未来的担忧减少了。

让金钱成为您的仆人，而不是您的主人。永远不要在经济上依赖他人，不要陷入债务缠身的恶性循环。要量入为出，每月可以做一点小额投资。这些听起来很简单，可为何还有如此多的人债台高筑，过着负担不起的生活，苦不堪言？

混乱无序的代价

混乱无序让我们付出的代价，就是让我们的生活充满了可有可无的东西：只有当我们把这些东西从橱柜底部或者阁楼上的箱子里翻找出来时，才会想起它们的存在；有时它们甚至就放在我们常用的东西旁边，除了碍手碍脚，一无是处。

许多物品不值得留存。为一座塞满了无用物品的房子买保险，为享受把旧物变得“焕然一新”的乐趣，花时间给它们清洗、除锈、除尘，纯粹是在浪费时间和精力。还有更多更为充实的生活方式，比如旅行、阅读、学习新知识、锻炼身体、散步、烹饪，或者只是什么也不做，对着眼前的风景发呆。

此外，混乱无序，常常让我们重复拥有相同的东西，愚蠢地自讨苦吃。

在当今社会，个人素养和道德水平每况愈下，对金钱的贪欲和最厚颜无耻的虚伪，纷纷鼓噪而起。时尚（服装、娱乐、美食……）令我们盲目，令我们臣服于它。几乎没有人会认认真真地理解和思考金钱的价值。金钱，首先应被视作维持基本生活的润滑剂。

禅宗一直以来都有这样一个理论，即一个人所有的财产（一套换洗衣物、一只碗、一双筷子、一把剃须刀、一个指甲刀）都可以装进一个盒子里，挂在脖子上。这样简单朴实的行囊，是佛教僧侣对现代社会无声的抗议。试着向他们学习，是对消费型社会带来的强烈不满，予以正面积极的回应。

节约，克制欲望，明确需求

有一样东西，所有人都希望自己尽可能地长期拥有——它就是健康。只要食少而精，遵照预防医学的建议，积极地提高自己的思考能力，真正对自己负责，我们所有人都能够获得一个更健康的体魄。

我们应当把同样的准则运用到我们的所有物中：家用电器、衣服、杂物……我们生活在一个如此过剩的环境里，从未想过有一天可能会发生改变。从未了解过饥饿和匮乏为何物，我们所有人都以为这样的丰足源源不竭……

记录、精简您的账目，掌控您的生活

记录您所有的收入和花销。这将有助于您省下更多的钱，更好地管理您的财务，让您的生活回归简单。大部分财务管理方面的问题，都源于不经思考的花销，而并非控制不住的欲望。比如，试着计算您花在美食上的开支，为了减去贪食增加的体重花在瘦身产品上的开支，看牙医的开支，因肤色暗沉去做洁面护理的开支……训练自己做到对自己的财务状况和可支配收入随时心中有数。您要学会推迟购买那件您十分中意但是当下无法负担的大衣。记录您所有的开支，可以使您避免不假思索地浪费掉您辛勤工作的成果。

美国哲学家梭罗，只靠数手指就可以完成个人财务的全部计算，他对此十分满意。

只留一个银行账户，一两张信用卡。

每个月给自己留出两次时间，平静地坐到餐桌前，给自己泡一杯香醇的咖啡，听着音乐，开始整理您的账目。仿佛在进行某种仪式，平静地清偿账单，别把这当成一桩苦差事。对自己的财务状况做到了如指掌。

除非是购买一间公寓或别墅这样的巨额花销，尽可能避免借贷或分期付款。您的信用卡只应当在最紧急的情况下派上用场：一旦您使用它，您只会花得更多。银行业本身也是一种商业形式。

第三章 伦理与美学

美的需求

简洁和美（茶道）

> 茶的哲学，并不仅仅是一门传统观念中的美学，因为它和伦理、宗教一道，帮助我们表达了人与自然的整体观。它是一门卫生学，因为它要求绝对的清洁；它是一门经济学，因为它证明了幸福更多地源于简单，而非烦琐和挥霍；它还是一门精神几何学，因为它定义了人之于宇宙的分寸。
>
> ——冈仓天心[1]《茶之书》

---

1 冈仓天心（おかくらてんしん，1863—1913），日本明治时期的美术活动家、教育家、文艺理论家。冈仓天心是近代日本美术先驱，一生致力于日本传统文化、艺术的复兴及发展，对东方乃至亚洲的文化、艺术亦有其全面、独到的见解。主要作品有《东洋的理想》《东洋的觉醒》《日本的觉醒》和《茶之书》。

东方美学观念的根基源于道教。然而，是日本禅宗将它运用到了实际生活的实践之中。在《茶之书》中，冈仓天心认为爱茶之人是品味上的贵族。

茶道是一项兼具审美价值和哲学价值的仪式，其中隐含着纪律和社会关系。这杯“精神之茶”通过浓缩被简化、包装成一套严格的规矩，强调纯净与安宁。它带领我们，通过从物质层面深入精神层面的学习，达到炉火纯青的境界。物质与精神合二为一，臻于完美。

艺术无处不在：手势、物品、着装、举止……收藏茶具的人甚多，但注重培养精神境界的人甚少。只依赖极少的外物，我们就能够和茶具更有默契；而通过这些器物，我们能够实现自我净化。这套仪式的践行，就是我们的日常生活。

泡茶，需要遵守严格的规矩，使用最少的用具和动作。一旦领悟并践行这套规矩，我们就可以超越外在的束缚，进入更高层次的意识领域。

作为一种伦理的茶道，是极简主义的生动范例：它是对美的追寻，是长期恪守优雅和简约的行事风格。对日本人来说，欣赏美是一种神圣得近乎宗教仪式的活动。就像被鎏金雕像和烛光环绕的打坐僧人，在一炷香燃尽前，他安如磐石，而灵魂早已升到宁静和美的世界中去了。除了雕刻着花纹的木头和上了漆的窗棂，他的生活与一个斯巴达人别无二致。

京都的禅院、龙安寺，以及韩国许多不为人知的精致庙宇，都象征着简洁和美，它们使我们的存在趋向永恒。

“侘寂”的美学概念

> 不现一色破坏茶室的基调，不闻一音扰乱仪式的节奏，不行违和之举，不吐不宜之言，所有的行动都利落自然地完成……这就是茶道的目标……
>
> 从地面到天花板，皆为素色：宾客审慎挑选色调内敛的着装。所有的器具都闪烁着岁月的光泽，因为，除了长柄的竹制茶匙和洁白的茶巾，任何物品都不该是时新的。
>
> ——冈仓天心

“侘寂”这一风潮，是基于隐者通过选择体会到的一套积极的美学价值观：它让我们能更好地体会日常生活中方方面面的小细节。它概念化了这样一个事实：宇宙在摧毁那些隐藏在不完整、不完美事物之下的细微之美的同时，也在重新构建它们。

侘寂美学家们使用的材料，都经过精心的择取，绝非凡品：透光的米浆纸，干泥巴的道道裂纹，金属制品的斑斑锈迹，虬曲的树根，稻草，布满苔藓的岩石……

“侘寂”这种美学概念，始于十四世纪的日本，它是在物质匮乏的情况下，表现出来的一种理想化的、纯粹的美。

和顺势疗法一样，侘寂的精华是一点点显露出来的：使用的剂量越小，效果越显著。

日本神道教十分重视朴素的生活方式，有力地促进了这套审美体系的推广与应用——它旨在尽可能高效地利用最质朴的空间和材料。

意外的无常性天生就具有浓厚的趣味：木头上的伤疤，陶瓷上的裂纹釉，岩石上的蚀迹……

禅宗要求我们对艺术品和艺术家在作品上留下的印记保持警惕。它要求我们不要成为外物或他人的主仆，也不要沦为自己的情感、原则和欲望的奴隶。在禅宗看来，美，就是一种心无挂碍的状态，是一种无拘无束的自由。只要能达到这种状态，无一不美。这是一种精神状态，去接受那些不可避免之事，去欣赏宇宙的秩序、物质的贫乏和精神的富足。

美之必要

> 如果，你一贫如洗，身上只剩下两块面包，就卖掉一块吧，再拿着换来的这几个零钱，给自己买几枝风信子，来丰富你的灵魂！
>
> ——波斯诗歌

日本人长期在生活中奉行极简主义，这种极简主义与美有着不可分割的联系。一百年前，即使是最贫寒的家庭都保持着堪称典范的洁净，人人都会作诗，插花，烹饪精致美味的菜肴。

禅宗不仅仅是宗教，它首先是一种伦理。它还可以成为所有选择了极简主义的人的生活范式。

在内心最深处，我们所有人都需要秩序。禅宗让我们从各式各样物质和身体上的迷茫中解脱出来。它教会我们，当我们越简单，我们就越强大。

聆听音乐，触摸柔软的材料，品味一朵玫瑰的芬芳……这一切都在自然而然地吸引着我们，给我们带来能量和乐趣。

对幸福而言，无论何种形式的美，都是不可或缺的，我们人类所需要的，比理智所要求的还应当再多一点。我们的灵魂是如此地需要美，正如我们的肉身离不开空气、水和食物。没有了美，我们就会悲伤、沮丧，有时甚至还会发疯。

美使人沉思，它占据了我们全部的心神。莎士比亚、巴赫、小津安二郎……让我们直接接触生命本身。

美学和伦理是相连的。日本人选择用美来保持对生活的热爱。

真正的奢侈，是对平日居住的房屋几乎视而不见：散发着皮革香气的舒适的扶手椅，山羊绒花格呢毯，水晶杯，纯白的亚麻桌布，式样简单的白瓷隔热碟，埃及棉的厚方巾，没有任何摆设但在冬天会囤积少量木柴的房间，一束素雅的鲜花，从邻近菜园里采来的时令蔬菜……

虚假的奢侈，则是“买”来的：为了复刻时尚杂志上的样板房，在家中布置一堆完全不考虑舒适程度的高科技产品；想当然地烹饪各种食材，做出难以下咽的食物；去人满为患的热门目的地度假，依靠服用镇静剂来缓解疲劳。

优雅、完美地生活

> 没人知道他过着苦行生活，长期禁欲的磨炼并没有让他僵化成一个老学究……无论待人、处事，还是谈吐，

他展现出的品味都臻于完美。

——玛格丽特·尤瑟纳尔《哈德良回忆录》

有格调地做事，让生活无限丰富。格调，就是在早餐之前梳头，在用餐时听轻柔的音乐；就是身体力行地避免使用任何塑料或聚乙烯制品；就是每天使用纯银餐具，而不是只有在接待客人时才摆出来。

二十世纪三十年代，美国处于大萧条时期，格调却比金钱来得重要。由于几乎所有的家庭都陷入了困窘之境，每个家庭之间的差别不再体现在金钱上，而是体现在谈吐方式、教育背景、对英语的应用、道德观念和对品质的追求上。每个人都会在日常生活中使用自己最漂亮的物品，都会为了增进食欲，在餐桌上摆一束鲜花。我们总是试着一点点地让生活臻于完美。细节实在至关重要。当细节臻于完美，我们的生活状态也就达到了平衡。我们的视野也将更为广阔。但是，如果我们忽视了细节，它们就会像小虫子一样让我们寝食难安。

格调和美帮助我们不断超越自我。

在日本，仪态美体现出一种意愿和努力达到完美平衡的状态。对筷子的使用，在榻榻米上的坐姿……都与这种优雅而严苛的苦行主义息息相关。

秩序和整洁："少即是多"

整洁和伦理

> 无可挑剔的整洁，井井有条的秩序，毫无油污、散发馨香的厨房……女仆对自己的劳动成果感到满意，感到骄傲，她有自己的追求；简而言之，这就是生活的宁静。
>
> ——乔治·吉辛[1]《四季随笔》

起初，茶道有一套简单但严格的操作流程，其目的在于维持秩序，培养思维的条理感和准确感。只需看看一位九十高龄的禅宗高僧的面容，我们就能体会茶道带给我们的益处。

对一名僧侣而言，除了冥想，家务、清扫、园艺也是修行的分内事。他细心地维护身边的一切，并对它们满怀敬畏。他深知，正是因为这个世界存在，他才得以生存。于他而言，扫帚是一件圣物，当他拿起扫帚做清扫时，最先被扫净的，是他的灵魂。

禅宗教导人们，通过做家务净化自身。把一切物归原处，整理房间，最后为这个纤尘不染的房间关上门，如此这般，整个世界都焕然一新。做家务，彰显了人与自然的本质。

---

1 乔治·吉辛（George Gissing，1857—1903），英国小说家。其作品常描写下层社会的艰苦生活，对妓女、贫民、工人等寄予同情，代表作有《黎明的工人》《失去阶级地位的人》《德谟斯》。

每一分洁净，都可带来即时的慰藉。您的平底锅中藏有神迹：把它们擦拭得和硬币一样焕然一新吧。各式各样的家务构成了日常生活的一部分。每一天，每一季，都可以成为最美好的回忆。

在日本，做家务并不是什么可耻的事。上学的孩子，通勤的上班族，街头的老者……每个人的一天都从一点点简单的清扫开始。政府完全不用把纳税人的钱浪费在聘请环卫工人或社工上。

做家务是生活必不可少的一部分。清洁、扫除、浆洗、烹饪能使人们维持健康的体魄，学会对自己的生活负责。对那些为满足每日所需努力生存的人来说，脑充血、麻木、精神疲劳等症状都与他们无缘，他们也不会任思绪如浮云般纷乱无常。

不论男女，只要是稍微讲体面的人，都应当能够把自己弄脏的地方打扫干净，哪怕他们大可以出钱请人打扫。不要忽视物质世界：美与善就在此间。清扫房屋，和清洁牙齿一样，都是一种客观需求。

哪怕只是最微不足道的小事，您也要做到尽善尽美。我们的一举一动都要有美感。事实上，哪怕只是日常生活中最细微的举动，我们都应当像创作一件艺术品一样，怀着庄重的心情去完成它。

如下三条准则可以帮助您：

· 一个位置只放一件物品，每一件物品都有其专属的位置。

· 秩序井然可以节约时间，减轻记忆的负担。

· 一个干净整洁的环境能够开启好的工作状态。

朴素、干净和秩序

秩序是美的基础。

——赛珍珠[1]

把被子叠得整整齐齐是对这个混乱世界的一种抵抗。我们无力面对瘟疫、死亡、与我们纠缠不休的噩梦，但整洁的橱柜至少表明我们能打理好自己的一隅之地。

整理您的床铺，把盥洗池清理干净，给储存谷物的盒子盖上盖子，并在使用完毕后将它放回原处，都能给您带来小小的满足感。回味一下您刚刚做过的事，看吧，就在您眼前：在这些事中，跳动着喜悦、满足，甚至美的影子。

正是这些隐秘的小小乐趣，让我们乐在其中，回味无穷。

美，是为数不多让人觉得生活值得的事情之一。创造美好生活是我们至高无上的使命。正是在细节、秩序和洁净中，美得以体现。它支撑着我们，滋养着我们。

当我们把身边的一切打理得井井有条时，我们自然也会变得井井有条。清空每一个塞满杂物的抽屉，整理好每一个橱柜，每一次对秩序化和简单化的成功尝试，都让我们对掌控生活更有信心。

1　赛珍珠（Pearl S. Buck，1892—1973），美国作家、人权和女权活动家。她出生四个月后就被身为传教士的双亲带到中国，在中国生活了近四十年，把中文称为自己的“第一语言”。她曾在 1932 年获得普利策小说奖，后在 1938 年获得诺贝尔文学奖。

家务的艺术

享受做家务的时光。换上合适的衣服，放点音乐，准备好好运动一场吧。避免使用太多不同的清洁用品，因为通常也是它们把家里塞得满当当。只使用两三种产品，把它们放在便于取用的地方——无论是现在还是将来，漂白剂都是最有效的产品！如果您的家有好几层，那么每一层都放一套，以免拿来拿去，既没有效率，又使人疲倦。

预留一个橱柜，专门用于存放家务用具，比如扫帚、吸尘器、水桶……这些不受人待见的工具。

家务好手（整理窍门）

- 在橱柜内壁上钉一张铁丝网，用来悬挂厨房用刀、长柄汤勺等。
- 用书立固定托盘和砧板。
- 把毛巾折叠两次，不露任何线缝。
- 把棉花球、刷子和其他物品放在透明的玻璃罐里。
- 在储存电线或细绳前，用大拇指和小拇指把它们盘成“8”字形。
- 做粗活时，把一个大垃圾袋围在腰间。
- 在玄关处安装挂杆和挂钩，用来放置包包、大衣、手套、丝巾……
- 准备一套可叠起来的篮子，用来为晾干的衣物分门别类。

- 给放有文件的文件夹贴上标签，注明类别。
- 不要给菜谱套上塑封（这样更便于修改或整理）。
- 在橱柜内贴上备忘录。
- 在玻璃杯里放一把叉子，可以代替名片夹。
- 在空纸巾盒里存放照片底片。
- 把每一套床单被罩分别收纳在一个枕套里。
- 把空袋子按照尺寸大小（小、中、大）分别放进三个空纸巾盒里。
- 把罐头平放在抽屉里，这样更方便。
- 从百货商店的收纳技巧中获得灵感（比如格子柜）。
- 把工厂生产的细毡（或其他较厚的织物）裁剪成圆形，置于珍贵的盘子之间。
- 在手头准备许多小而干净的抹布，以备下厨时随时使用。
- 用去油污的超细纤维抹布或传统的洗碗刷洗碗。
- 每晚都把厨房用的小抹布浸泡在添加了漂白剂的水中。
- 把厨房湿巾放在保鲜盒里，以保持蔬菜的新鲜。
- 用一根皮筋把海绵固定在扫帚顶端，用它来打扫天花板。
- 把抹布打湿，滴一滴护发素，可以用来清除（电视、手机等电子产品上）静电吸附的灰尘。
- 把排风扇浸泡在浴缸里，搭配洗碗机专用洗涤剂，这样可以清除上面的油污。
- 避免养小叶植物（比大叶植物养起来更费心力）。
- 把海绵切成一到两厘米厚的小薄片，这样可以更方便地擦拭狭窄的地方（比如滑动门的轨道、金属杆的轨道、竹帘的缝隙……)。

· 用思高牌海绵清除毛衣上的起球。

· 用吸尘器清理冰箱。

· 在吸尘器的滤网上放一块浸透了精油的棉布。

· 不在洗衣服时放过多的洗涤剂(这样不仅会损伤衣物，还会让厂商获利)。

· 在洗毛衣和易受损的衣物时，把它们放进洗衣袋中。

简而言之，就是简单化

· 不要接受您不想要的。

· 把物品丢掉或者送人时，不要有负罪感。

· 不要在浴室里放一堆香水小样。

· 想象您的房屋遭遇火灾，把您需要重新购买的物品列出来。

· 然后列出您不会再买的物品。

· 给您钟爱但从不使用的物品拍照留念，然后把它们清理掉。

· 运用您的经验去考虑您是否需要，如果您举棋不定，那就不需要。

· 把一年里一次都没有用过的东西清理掉。

· 把“除了必需品，我什么也不想要”当作您的箴言。

· 践行“少即是多”的真理。

· 区分您的需求和您的欲望。

· 不使用您原本认为必不可少的物品，试试看您可以“坚持”多久。

· 尽可能减少身外之物。
· 不要满足于仅仅给物品挪动位置的“整理”。
· 告诉自己，简单并不意味着要放弃自己喜欢的物品，而是要淘汰那些对我们的幸福毫无帮助的物品。
· 明白没有什么是不可替代的。
· 决定您要保留的物品数量（勺子、床单、鞋子……）。
· 给每一样物品指定一个存放地点。
· 不要积攒空盒子、旧袋子和瓶瓶罐罐。
· 为做家务准备的衣服不要超过两套。
· 准备一个档案柜，用来放置重要的文件、文具用品、备用电池、收据、地图、磁带、光盘……所有这些没有固定存放位置的物品。
· 检查每一个房间：少一件物品，意味着省去一项清洁任务。
· 常常问自己：“我为什么留着它？”
· 想象有小偷光顾：没有任何东西可以给他们。
· 不要被过去购物时犯下的错误束手束脚，清理掉它们就是改正错误。
· 把您拥有的所有物品列出来，享受这种乐趣吧，这难道是不可能的吗？
· 同样，把您扔掉的所有物品列成一份清单，有哪一样让您感到后悔吗？
· 告诉自己，为了幸福，您应当舍弃所有令您感到不快的物品，哪怕它们寄托着您的情感。
· 如果有更好的物品能够替代已有的好物，不要犹豫，您会满意的。

- 绝不选择退而求其次。您身边的每一样物品越接近完美，您就越能从中获得安宁。
- 只在口袋里有钱时购物。
- 要想保持住所的生命力，关键在于改变。
- 信任那些品质经受住了考验的经典款。
- 用一劳永逸的方式去整理：彻底丢掉。
- 减少您的社交活动量。
- 确保新添置的物品更小巧，更轻盈，更节约空间。
- 拒绝新奇但不实用的小玩意儿。

第二部分

身

美玉要经过反复打磨，才能成为玉瓶。

——道元禅师[1]

照顾自己的身体，就是在解放自己的身体。有许多人花费时间、精力和金钱把住所装饰得更为精美，为亲朋好友下厨，照顾其他人，或者去剧院看戏，但就是不注意自己的身体。他们总给自己找借口，说自己没时间散步，没时间护理皮肤，也没时间规划饮食。

他们还没有意识到，想使自己的面容保持和谐端庄的心思，同样应当被用来关注身体。但是，在基督教教义的影响下，（尤其是某个年龄段的）许多西方人仍然认为身体是禁忌和污秽的象征；尽管他们关注自己的身体和外表，却极少做按摩，也极少活动筋骨。此外，也正是因为基督教的出现，古希腊和古罗马时代的公共浴池、按摩文化和烹饪学校，都在我们的文化中消失了。

---

1 道元禅师（どうげん，1200—1253），日本镰仓时代著名禅师，将曹洞宗禅法引进日本，为日本曹洞宗始祖。人称永平道元，晚年自号希玄，故又称希玄道元。

那些想要变得容光焕发、身体健康、曲线健美的人，都到哪里去了？如今，愚蠢、自满、懒惰、对自己和他人都缺乏诚实……大行其道。要知道，这个世界上还有不计其数的人缺乏基本的医疗保障，甚至食不果腹，我们真的有权利以行乐、美食、消遣和社会保险金的名义肆意妄为，弃身体健康、心理平衡和礼仪教养于不顾？肥胖、高胆固醇、高血压、老年斑、黯淡无光的面容、僵硬的关节、频繁地去医院，我们怎么能理所当然地把这一切视作年岁渐长不可避免的结果，拒绝改变自己的生活方式、日常习惯和饮食选择？

拖着一具让您饱受折磨、行动艰难的身体过日子，可不是什么安宁而自由的生活，更别提尊严和独立了。这简直就是在受奴役——受您自己的奴役！这样的奴役可不是任何人强加给您的。

身体的需求是有限的。一旦我们超过了这一界限，就再也没有了限制。我们不应当忽视身体，因为我们的生活全仰仗这副身体，而其他人的生活又仰仗我们的生活。诚然，只关心自身（运动、饮食、疗养……）是一种精神无能的表现；但是，为了活得体面，我们必须要从自身着手。因此，我们必须要学会（确切地说，重新学会）克制自己，锻炼身体的柔韧度，把自己收拾得干净整洁，净化心灵，规范自我。

身体不应当给灵魂造成困扰，而应随时为脑力活动和精神领域提供支持。

第四章 美与大众

发现自我的本真

做自己

不努力变美的人，亦无权向美靠拢。

——冈仓天心

要想变美，首先就要做自己。我们所有的缺陷和我们小小的不幸，都是让我们认识自我、迈向成熟的机会。

美是多种因素的融合：镇定自若、自尊自信、别具一格、风度翩翩、活力十足……

女人正是因为对自己的魅力有信心，才魅力十足。因此，认识自我、悦纳自我显得尤为重要。

衣着、妆容、品味、潮流……了解您自己，努力做回真实的自我，勇当先锋，去定义新的边界，尤其是年龄的边界。如今，没有什么是不可能的。百岁人瑞也不再罕见。不要受传统观念的影响，认为年老就等同于体弱。

随着年岁的增长，您可以变得越来越强大，越来越有活力，越来越有韵味。那些总是感到疲倦的女人，常常把这归结为年龄的问题。她们饱受失眠和低血糖的困扰，情绪低落，记忆力衰退，无法控制自己对甜食的嗜好……其实，这往往是激素腺体的问题，但她们甚至对这些腺体的存在都一无所知。医生说，这些腺体可以“抚慰”情感上受到的打击，通过传递积极正面的想法来给我们“充电”。因此，感到幸福，或与幸福之人同行，对健康和美都十分重要。多开怀大笑，看有趣的电影，与他人分享幽默见闻……

您也可以下决心改变：改变穿衣风格，用其他饮品替代清晨的咖啡，换一条路线去上班，给平淡无奇的生活增添一抹梦幻的色彩。

散步，下厨，“活力满满”地生活。美的另一个重要组成部分，是生活的欢乐。要当心压力、焦虑、愤怒、忧伤和畏惧：它们是您的敌人。学着尽可能轻描淡写地排解这些情绪，仿佛它们完全无法扰乱您的内心，这样您才能保护自己的生命之源。这可比一盒莫利纳尔牌乳霜有效得多……

要想变美，您应当尽可能地保持平和，超然物外，心无挂碍。揽镜自照，端详自己是否流露出一丝一毫的消极、忧虑、疲惫或愤怒。然后，放松，微笑。

徒有其表 VS 内在美

如果您没有什么可创造的，创造您自己。

——卡尔·荣格[1]《荣格自传：回忆·梦·思考》

医生也好，美容师也好，化妆品销售员也好，没有人能比您自己更好地照顾您的身体；我们要对自己的身体负责，忽视它就是在犯错。为什么如此疏忽，把自己的身体置于走样、早衰、伤病的危险之中？健康是我们最宝贵的财富。我们必须意识到，每个人都有某种独特的美。为什么非要等到生病时，才后悔没有好好保养这份自然赐予我们的礼物？

但是，外在美，只有与内在美协调一致，才能熠熠生辉。

在胡志明市，有三分之一的人无家可归，露宿街头。然而，每天清晨，公园里都热闹非凡。数百名不同年龄段的人在慢跑，拉伸，做热身运动；在一棵大树下，许多老妇人在聊着天，等待着；她们“投资”了一点小钱，合伙买了一个体重秤，把它租给那些关心体重的运动者，这些运动者希望好好保养他们唯一的归宿——身体。我们每个人都应当好好打磨这颗宝石，让自己光彩夺目。不需要画布和画笔，只需要身体和大脑，我们就足以表达自我。努力保持健康和美丽，和创作艺术品一样重要。衰老是美最大的考验。随着岁月的流逝，青春年少时的外在美，渐渐积淀、转化为内涵丰富的内在

1　卡尔·荣格（Carl Jung，1875—1961），瑞士著名精神分析学家，分析心理学创始人。他把人格分为内倾和外倾两种，主张把人格分为意识、个人无意识和集体无意识三个层次。他的理论和思想对心理学研究有着深远的影响。

美。美，就是无关乎年龄的赏心悦目。风格，则由通情达理的气质和高雅的品味积累而成。风格并不局限于凹凸有致的曲线和青春健美的肉体，还体现在智慧以及其他内在品质上；风格是一种选择，是对我们自己，对我们想成为什么样的人，对我们该如何成为这样的人的理解。

不要被自己的身体所牵累

女人直到九十岁都应该涂指甲油。

——阿内丝·尼恩[1]

如果您不爱惜自己的身体，就会反受其害。身体是您的归宿。不应当忽视对自身的照顾，这样会连带您无法照顾其他人。唯有自爱者，方能爱人。要努力做到这一点：这是您对自己，对家人，对其他人应尽的责任。没有人想见一座年久失修的房屋，对人而言也是同样的道理。

我们有义务把自己打理得整洁大方。如果您遵守规矩，不糟蹋身体，哪怕您天资平庸，您也可以靠着对自身情况的了如指掌，把自己打造得魅力四射。

莎士比亚曾说过，我们知道我们的现在，但无法预知我们的未来。希望自己有一个赏心悦目的外表，并不是什么肤浅的念头，而是一种对他人的尊重。美丽并不总是上天的恩赐。它还是一种与生

1　阿内丝·尼恩（Anaïs Nin，1903—1977），美国知名作家，出生于法国，作品多表现法国超现实主义风格。

俱来的对自律的追求。外表的美丽，在很大程度上依赖健康的身体和自信心。有了活力，我们就会更加积极向上，更多地回应身边人，也会更好地爱自己。

彰显您的独一无二

> 我的祖母身上仍然保留着一些女人味。尽管她身上的老式灰色外套已经泛白，她仍然精心打理自己浓密的长发，将它盘成发髻，再缀上一朵鲜花。她从不用商店里卖的洗发水，而是用一种特别的果实来洗头。然后，她还要添上点睛之笔：在里头加几滴自制的桂花油……她活力十足地完成这一切，当她出门采购时，她定不会忘记用一小块炭条画眉，再在鼻梁上扑一层粉，她走起路来英姿飒爽，坚定而自信。
>
> ——张戎[1]《鸿：三代中国女人的故事》

独特的风格可以给人留下深刻的印象，并非只有十全十美的外表，才能被称作美。这种独特的风格能够体现我们的特质，赋予我们所谓的风度。

避免让您的想法被平庸的日常同化，每一天您都可以通过做选择来让自己焕然一新。正是通过这些能最大化彰显个性的行为举止，

1　张戎（1952— ），英籍华人作家，1991 年出版的《鸿：三代中国女人的故事》是一部自传式的有关祖孙三代女人的家庭故事，已售出 1000 万本，被翻译成 30 种语言。

您才得以在生活中留下您的个人印记：无论是燃一炷香，插一束花，煮一壶茶，还是准备一餐饭。要找到使您的身体和头脑都感到舒适自如、属于您自己的方式。

通过您的一举一动，彰显出您的独一无二。

采取正确的坐姿，能增强您的自信心。当您自信大方地走在路上时，无论您是谁，在纳瓦霍人的眼里，您就是“美”；是什么让脊梁挺直？是维生素 C，还是自尊心？

追求通透

通透是指不僵化，让人得以充分地展示内在想法。但是，只有当这个人达到了全面、自信、自然的境界，他才能成为一个通透的人，才可以在任何环境中应对自如，克服困难，主持大局，沉着冷静地迎接可能发生的情形。“盲目”重复机械性的动作，使我们的思绪集中于事件本身，让我们得以干脆、利落地选择最好的办法来解决问题。比方说，当您不知道该如何执行一项任务时，您会在开始这项工作前，先做出尝试和假设；但是，如果您早就对解决方案烂熟于心，您就会下意识地行动。这一理念不仅适用于艺术、语言，还适用于家务劳动……

当我们的身体感觉舒适，我们就会觉得处处顺心。

留意您的强颜欢笑和焦躁不安

我们的面部表情可以为我们增添魅力，也可以让我们黯然失色。

美与遗传基因、日常饮食、乐观情绪息息相关；对自己的面部表情做到心中有数相当重要，因为一个不自然的表情不仅会泄露您紧张的情绪，还会让这种压抑的氛围一直持续下去。如果您能让紧张的表情从您的脸上消失，那么您的心情自然也会随之放松。如果您努力让自己用笑脸去面对这个世界，您就会感到幸福，世界也会用笑容来回报您。

完善您的行为举止

是我们所做的事造就了我们。优秀，不是一种行为，而是一种习惯。

——亚里士多德

我们通过一举一动向他人展现自我。从您自身的行为举止中汲取力量和安定。端庄的坐姿，本身就是内在的自由与和谐的表现。当身体控制了它的形态，精神就得以解放，从而升华。比如，掌握正确的坐姿能放松身体的各个部位，也有助于集中注意力。

不应该把身体视作“一堆”肢节和躯干，身体应当是一个整体，凭借着它的存在，我们才能展现出自己的行为举止。除了形体美，面部表情也决定了一个人是否赏心悦目。

我们掌握着宝贵的秘密武器：步态、姿势、笑颜、脸色、眼神……我们可以在这些仪态上下功夫，纠正它们，改善它们，让自身变得更加和谐。

我们应当努力地钻研得体的举止，即最自然、最和谐地运用身体的方式。

富有光泽的肌肤、强健而柔韧的肌肉、苗条的身材、斯文优雅的举止、行云流水的动作、端庄的姿态……美就是在这些方面体现出来的。

我们的日常生活由一系列简单的重复动作构成。在日本，人们从懵懂的孩提时期开始，就一直接受着这样的训练：入座、起身、沐浴、切菜、铺床、拧抹布、叠和服……

我们都应当重新学习如何走路，如何搬重物，如何得体地用言语表达自我，如何控制我们的语速……在美国，有一种职业叫“发声训练师”，这些专业人士教人们如何让说话的语调更为动听，为嗓音赋予某种独特且令人着迷的魅力！

任何事都可以拿来练习。真正的唯美主义者和艺术家会让姿态和形体融为一体。训练身体，是为了保持并提升我们的才能。

当我们重复某一举动时，每一次它都会在我们身上留下更深一层的烙印，最终展现出一种现实，无论正面还是负面。这在某种程度上可以被视作一种习惯。只有当效果展现出来时，练习才能结束，就和考驾照一样。既然只需简单的练习就能够消除不雅或笨拙的姿态，用虚假的形象去掩盖自己的本来面目，自然就成了一件令人惋惜之事。重复是一种令人厌烦的强制行为；然而，它的效果却惊人地好。

通过保养和睡眠来解放身体

保养的重要性

> 把自己保养得无可挑剔的人是美丽的，这与他们佩戴的珠宝首饰的价格无关。如果他们邋里邋遢，那他们绝对美不起来。
>
> ——安迪·沃霍尔[1]

想要美丽，首先就要打好基础：富有光泽的肌肤、健康的秀发、强健的肌肉，以及充沛的精力，都是不可或缺的。维生素补充剂是没有效果的。如果您想保持健康的体魄，就要合理规划饮食，锻炼身体，保证充足的睡眠时间。健康饮食要和沐浴、擦洗身体、适当的运动量结合起来，才能让您拥有完美的体魄。

此外，如果能获得几样简单的方子，再将某些原则付诸实践，就更好了。方子越是古老，就越有用；否则，它们早就被人遗忘了！

雕琢、打磨、净化、清洁、滋养、装饰您的身体

> 帝王的奢侈……不仅是最快捷的出行，最轻便的行李，最合适的着装……他最大的奢侈，在于他身体

1　安迪·沃霍尔（Andy Warhol，1928—1987），波普艺术的倡导者和领袖，二十世纪艺术界的超级巨星。

的完美。

——玛格丽特·尤瑟纳尔《哈德良回忆录》

只要我们的身体感觉不适，只要我们没有把自己照顾妥当，我们就无法获得自由。

一旦我们不再把关注的重点放在自己的缺陷上，忘掉自己的外表，我们就能变得更加率真、愉悦、热情。风格独特、自信沉着的女性总是保养得宜。斑驳脱落的指甲油，过于紧身或过于宽松的衣服，汗流浃背，口臭，泛黄的牙齿，缺乏睡眠，脏兮兮的头发，这些问题都可以破坏您的某一天、某一场旅行或者某一次会面。

化了妆的人能散发正面积极的气场。不要再被动消极地等待，您也可以做出改变，让自己变得更加光彩照人。您为自己的身体所做的一切努力（比如清洁肌肤、按摩、修剪指甲……）首先取得的效果，就是让您意识到身体的存在，并树立起保养身体的意识。

在开始美容护理之前

您的浴室要和您的头脑一样，条理清晰。当然，只要您忠实地遵守某些仪式和简单的原则，它们就能化为您自身的一部分。

当我们保养自己的身体时，我们也是在保养自己的心神；这样我们才有余力去照顾其他人。发生的一切都会首先经过我们的头脑。要积极应对，丰富您的知识面，保持微笑，还要——对自己有信心。

为自己添置一面全身镜，一台可靠的体重秤，以及一个小本子，在本子上记录您的体重，您最喜欢的美容产品和一些美容秘诀（不用记太多，否则您可能根本不会照做）。也要记录下亟待解决的健康问题和您的就医日期。您应当像管理自己的账目一样，管理您的健康和美丽。

必须理智地分辨哪些事情需要专业人士的帮助（比如理发、洗牙、去除影响美观的肉疣……），哪些则可以自己做（比如修剪手指甲和脚指甲、做面膜和发膜、按摩……）。

这一切都需要常识。太多的女性在瘦身产品上投资甚多，但却大吃特吃更多的甜食。她们的当务之急，是让自己的头脑和生活回归理性和秩序，从心理、情感和医学的角度来着手解决问题。

把您的浴室变成一家小型美容院，将它打理得既整洁又干净，既能符合您的需求，又能满足您的审美。检查您的化妆箱，只保留几样实用的产品。这些能让您感到自信、快乐、满足。

第五章 一位极简主义者的保养之道

皮肤、头发、指甲

皮肤护理

少即是多，对皮肤而言，亦是如此。市面上的大部分产品都对皮肤有害。

首先，尽量避免食用工业生产的食品，英国人把它们称为“垃圾食品”。本着对您的健康和美丽有益的原则去挑选食物，而不是任由自己挑食和贪食。中国人把食物视作药材；但在法国，几乎没有医生会叮嘱风湿病患者吃全麦面包！

您要知道，市面上有垃圾食品，也有垃圾的美容产品。

清洁您的皮肤时，选择温和的含甘油或者蜂蜜成分的洁面皂。

坚持每晚使用，即使您今天没化妆，也要给您的皮肤“卸妆”。灰尘和杂质会嵌入皮肤分泌的保护膜（这就是晚上皮肤会泛黄的原因），皮肤需要呼吸。相反，在早晨，清洁皮肤就不需要洁面皂。对皮肤最有益的就是冰凉的清水：日本女性会拍打面部150次来促进血液循环，让脸色更有光彩。

然后，根据自己的肤质保养皮肤：如果皮肤润泽，那么您基本上什么也不需要了；如果皮肤“紧绷”或者干燥，您就需要一两滴油，先用手掌心搓热，这样才好让皮肤吸收。总的来说，内服于身体有益的东西，外用在皮肤上也有益：橄榄油、牛油果油、芝麻油、杏仁油……

残茶可以被用作爽肤水，它能通过天然的油脂成分保护皮肤，还不会堵塞毛孔。

涂油的时候，顺便给皮肤做个按摩。这个日常行为值得我们学习、理解和实践。光我们的面部，就有300多块小肌肉组合在一起，维持着我们的面容。肤质的好坏，取决于皮肤的弹性。要注意，不能使劲揉搓皮肤或者养成坏习惯（比如用手捧着面颊或者托腮……），这会让皮肤松弛。

要注意您的行为，这至关重要，因为是做保养时的精神状态决定了保养的效果。做保养时，要对自己的皮肤满怀爱意，就像浇花时对着花朵喃喃絮语会让鲜花更美一样：我们的皮肤、头发，与我们的身体、环境，尤其与我们的想法，密切相关。

最后一个建议：阳光是我们的头号敌人，佩戴帽子或者太阳镜出行，能阻止皱纹增长。

别再浪费钱来损害皮肤了

做个空气浴，让您的皮肤呼吸。尽量选择轻便的衣服。每天都要激活您的能量库。区分两种裸露：一种是不穿衣服，而另一种是不涂任何化学产品。

要想让皮肤保持洁净柔嫩，我们需要的不是洁面皂，也不是爽肤水或护肤乳。皮肤需要的是清洁和养护。放弃化学产品、爽肤水，以及它们带来的副作用。跳出美容产业的陷阱。皮肤，和消化系统一样，我们给它什么，它就吸收什么，并且让其渗入我们的血液中。某些美容产品会荼毒、污染我们的身体。

对待皮肤的最佳方式，就是保证健康的饮食、充足的睡眠、纯净的水源和……乐观的心态，其余都是次要的。昂贵的美容产品不是必需品。保养皮肤，只需深层清洁，保证营养，细心防护。

诚然，回归简单，并不是那么容易，因为它看起来就像一个谎言。我们被杂志和广告洗脑，被看起来很实用的护理观念所误导，相信美容产品的价格越贵，效果就越好；如果我们不用这些产品，我们的心中就会有罪恶感。但是，当您询问一位美丽的女士都用什么美容产品时，她可能会用“啊，我基本什么也不用！”来回答您。

一张年轻的面庞

黯淡憔悴的脸上挂着的黑眼圈和浮肿的眼皮，通常是疲惫和肝脏缺乏活力的标志。只要避免暴饮暴食，尽可能少地摄入香辛料、肉类及其加工产品、盐、糖和饱和脂肪酸，这些症状都会得到缓解。

食用少量的醋也有助于肌肤恢复亮泽：每日和水饮下 50 毫升的醋，坚持一个月，您将收获奇迹。

用油按摩面部，坚持按摩眼周来促进血液循环（从眼角开始，顺时针按摩三圈，再逆时针按摩三圈）。然后，做一个简单的眼球操，在低头的时候向上看，并转动眼珠。

多照镜子，不要逃避自己的形象。只有这样，您才能取得成效。

您需要长期重复某些行为，才能养成习惯。没有良好的习惯，健康和美丽都是奢望。

在心理层面，您可以看出，无论生理年龄几何，每个人的心理年龄都不尽相同。心理年龄不成熟的人，往往行事冲动；他们在购物时常常心血来潮，听到赞美就沾沾自喜，缺乏耐心，面部表情也极少。他们一开口便是“我……”，完全忽略了对话者的存在，也不懂交际。

相反，心理年龄成熟的人，常常笑脸迎人，讲话时极少谈及自身；但矛盾的地方在于，他们反而更显年轻！

一些“独家”美容秘方

去角质

把红豆放入研磨机，磨成粉末，把（一咖啡匙）红豆粉浸湿，放到掌心里，然后小幅度地用轻柔的手法来回按揉皮肤。用木瓜皮或者芒果皮的内层按揉面部两到三分钟：这些水果富含酶，可以分解皮脂里的杂质（和身体里的脂肪），美容产品生产商在许多产品中都少量添加了这些酶。

深层清洁

把 2 升的水烧开，加入两到三滴精油（比如薰衣草、柠檬……），给您的面部做一个蒸汽浴，来打开毛孔，然后做一个“独家特制”的面膜：一到两咖啡匙的面粉，混以等量的酸奶、柠檬、米酒、植物根茎的汁液……事实上，您冰箱里所有的新鲜食材都有疗效。您可以试一试，再做判断。

饮食、水和睡眠

尽量只吃新鲜的、未经加工的食品。

多喝矿泉水，来摄取其中的……矿物质！水是最佳的美容产品。

在十二点之前就寝，每晚保证六到八小时的睡眠。睡得太多或太少都对健康有害。

在饮食中引入豆制品：它们可以帮助您保持年轻。

懂得识别和挑选药用食材：谷物、水果、香草……

皱纹不是皮肤衰老的标志，血液循环不畅导致的暗沉肤色才是。

另一个“秘密武器”：醋。把醋用少许水稀释，可以分解皮肤和头发上的肥皂残留。您的浴室里有一瓶洗浴醋、一块温和的洁面皂、一瓶优质的护肤油、一瓶洗发水和一瓶护发素，足矣。

粉底

当一个女人发现了合适的粉底时，世界似乎尽在她的掌握之中。

选购优质的粉底液，要达到肉眼看不出皮肤上的粉底的效果。只在 T 型区和眼底涂粉底，只用指尖涂一点，不能让它渗透进毛孔。涂得太均匀，会使您看起来不太自然。无论什么东西，在皮肤上涂抹太多，都会堵塞毛孔。因此，“少即是多”的道理，在这里依然行得通。

针对干性肤质：每天吃半个牛油果，再把一咖啡匙的牛油果碾碎，做成面膜，在脸上敷10分钟（我保证您会收获奇效，您可以试试）。在泡澡水里加入一杯日本清酒和三滴油。先用这水来洗脸，再用洁面皂清洗。对于普通肤质，一点点油就够了。对于混合型肤质和油性肤质来说，最好的保养就是……什么也不做。找到出油的部位，只用洁面皂清洗这些部位，然后用毛巾擦拭。早晨用温水（在夏天也可以用冰水）清洗就够了。另外，避免食用奶制品（酸奶除外）和小麦制品。

指定用油

寻找一种可以保养面部、头发、身体和指甲的效果绝佳的油。所有的护肤乳在生产过程中都必须加入甘油，然而，甘油会堵塞毛孔，阻碍皮肤呼吸。

不要把您的梳妆台或盥洗台摆得满满当当。把空间留出来进行身体护理，尽量让您的身体变得纯洁、干净、美丽。您的浴室可以反映您给自己的身体做了什么样的护理。

我们的身体需要油，无论是体内还是体外。

体内

为了健康着想，每天必须摄入至少一匙优质冷榨油，因为它有软化和保养肠壁的功效。

体外

在身体上涂抹的油会被快速吸收并渗透进骨骼，这可以帮助上了年纪的人预防骨折。是的，随着年龄的增长，骨骼的确会变得疏松。自古有之的油压按摩，不仅是一种舒适奢华的享受，也是一种预防性的保养。

牛油果油尤其对身体和面部有绝佳的保养功效。它可以防止眼周布满细纹，令皮肤保持弹性和柔嫩。它不会诱发粉刺，富含维生素 B 和维生素 E。它还可以用来做发膜，能够分解皮脂，在用过洗发水后，将其轻松去除。

时不时（每月一到两次）在沐浴之前，先给身体涂上油，再浸泡在热水中。根本不会像您担心的那样，油（不超过一汤匙的量）绝不会把您的洗澡水变得油腻腻；它会被身体完全吸收，因为在热度的作用下，毛孔会扩大，油会更容易渗透进身体里。伴着维瓦尔第的音乐和香薰蜡烛，您可以完全放松下来。出浴之后，您的皮肤会如婴儿般柔软细腻……

仅仅用油，您也可以给面部做一次完美的清洁，哪怕是最防水的睫毛膏也会消失得干干净净。做法十分简单：在干燥的手上倒一些油，仔细地按摩面部，尤其是上妆最浓的部位，然后浸湿手掌，重新按摩一次，最后用流水清洗（温水或冷水均可，必要时还可以用温和的洁面皂）。擦干水迹之后，您会发现您的肌肤柔滑而干净，连毛孔也变得细腻……护肤乳也好，爽肤水也罢，再也不需要涂它们来滋润或柔嫩肌肤。极简式的保养，就是最佳的保养！

每种油都有其不同之处，因此，您要选择最适合您的油。牛油果油非常昂贵，加入几滴花卉精油后，它会在皮肤上留下怡人的馨香。您也可以尝试一下婴儿用的甜杏仁油，鲨鱼油或者水貂油。

但是，有些油的气味强烈，比如橄榄油和芝麻油，因此它们的使用体验可能会差一些。

头发

发质很大程度上是由饮食决定的。海藻和芝麻是保养头发的灵丹妙药。

除非天气潮湿或炎热，洗头不要太勤。尽可能少地用洗发水。如果您不希望让洗发水残留在头皮上（这种情况时常发生），就首先把洗发水打出泡沫，放到小碗里加水稀释后，再抹到头发上；最后，用加入一匙苹果醋的纯净水冲洗一遍头发。学会在抹洗发水的时候按摩头皮，按压特定的穴位。我们往往忽视头皮健康，在压力的作用下，头皮会紧绷，阻碍头发的正常生长。您应该经常按摩头顶的皮肤，并在按摩的时候绷直十指；然后，用一两滴您的“指定用油”，让头发闪耀光泽。保持头发的干净，让它在洗后自然风干。

定期去理发。如果您忘了，拖得越久，您的心情就会变得越糟糕。

梳头时，要低着头（有助于促进头皮血液循环），但力度要轻柔；湿发的时候切忌梳头。挑一把木质宽齿的梳子。尽管头发又长又密，直到西方文化传入之前，日本女性都不曾见识过发刷。

当您去理发时，绝不要把支配权全权交给理发师：准确地告诉他，您想要什么样的发型。珍惜您的头发，尊重您的发质。比起不自然的染色、“卷毛”发型、特立独行的“铲青发型”[1]，一个精心修剪的自然发型会让女性更显优雅。

向理发师请教，让他给您示范如何自己做发型，如何使用吹风机，在哪里别发卡，怎样操作。问他能不能为您预留一个专门的时间段，给您提一些建议，教您如何自己盘发髻或者编发辫。如果他拒绝了，就再找……更会做生意的人！脸型，甚至体型，都是选择发型的重要因素。每个人都至少有一种能烘托气质、彰显优势的发型。

如果您的发质允许，就把它盘成发髻，任由它长长。一个漂亮的发髻，哪怕头发花白，只要配以钻石或珍珠耳饰和一个亮丽的红唇妆，就足以令一个普通的女人变得端庄优雅。

橄榄油发膜和牛油果油发膜

再强调一遍，不要把您的浴室塞得满满当当，不要浪费钱去买那些效果不尽如人意的护发产品。

加热半杯（自然，这还是得视您的发量而定）橄榄油或者牛油果油，但不要加热至沸腾，把它涂抹在拧干的头发上，盖上一条湿热的毛巾，以便头发更好地吸收它。待到毛巾变凉，就把它再泡在热水中。把这个流程重复五到六次，然后用温和的洗发水洗净，您的头发就会更加亮泽，更加光滑。您还可以在发油里加入新鲜的蛋黄和一点朗姆酒，让它们在头发上停留 20 分钟。美国女性会用两到三汤匙蛋黄酱，效果也是一样的好。

1　“铲青发型”（undercut）指一种将双耳后侧的头发剃短至紧贴头皮，但保留头顶长发的发型，流行于欧美。

如果可以的话，您最好每周做一次这种“独家定制”的保养。

指甲

您的指甲能让您看起来高贵典雅，也能让您看起来粗俗鄙陋。

精心保养的漂亮指甲，可以让您在他人心中留下脱俗的气质和迷人的印象。

去几次美容院，让专业的美甲师给您做指甲，您就可以借此机会学习保养指甲的方法和流程。多问问题，试着把做法记下来。然后，您就可以成为自己的专属美甲师；把您的所有工具、毛巾和装着热水的碗都放在一张托盘里，准备一部精彩的影片，一杯清爽的饮品，把电话机调到自动答录模式，全身心地投入到您金贵的手指甲和脚指甲上。

如何保养

1. 用锉刀锉指甲。
2. 在角质层上抹油（使其更快地软化），把您的指甲放进装着热水的碗里浸泡 15 分钟。
3. 用一根浸泡过您的“指定用油”的黄杨木小棍推刮您的角质层，用镊子去除小片的死皮。如果您常常清理指甲，死皮就会再生得慢一些。一支好用的硬毛指甲刷是必不可少的。
4. 用抛光条给指甲抛光。
5. 用您的“指定用油”按摩和滋养指甲。尤其要呵护指甲根部，因为那是指甲生长出来的地方。水和洗甲水是指甲的两大敌人，它们让指甲变得干燥易折。尽量在指甲沾到水之前，坚持每日一到两次在指甲根部滴一小滴油。这样即使手频繁与水接触，您的指甲也能得到深层保护。长时间浸泡在水中的情况除外，在这种时候，您需要使用橡胶手套。

6. 用纸巾擦拭多余的油脂（不要用棉巾，会留下绒毛），涂一两层油打底，再涂一层颜色。和通常的认知相反，如果涂抹得当，指甲油可以保持近一个星期，并且有保护指甲的作用。

要想对付老茧，得挑一把精致好用的锉刀，不需要沾湿，直接使用。锉完后，清洗干净，涂上油，做一个深层按摩。

找到让您的手看起来赏心悦目的指甲形状和长度，然后保持住它们。指甲油的色彩只需比打底的油更浓重一点，就可以为您的美手装点出完美的指甲。但对脚指甲来说，选择明亮可爱的颜色，会让您在每次脱鞋的时候都感到一丝隐秘的愉悦。

告别浊恶

观察您宝贵的身体，让它与您的精神沟通

改变您的习惯，重塑您的健康。改变，从深层清洁开始：充满毒素的器官是无法正常运转的。皮肤，是我们健康的晴雨表，它首要的功能是排除毒素。水、刷洗身体、清醒的感官和真正的决心，就是成功改变的秘诀。

是您自己造就了您现在看到的这具身体。几个世纪以来，日本人、瑞典人以及其他许多民族的人都有用刷子刷洗身体的习惯。

与一个均衡的饮食搭配，刷洗身体是预防医学领域和美容领域最有效的手法之一。无论您身处何地，刷洗身体都是一种免费可行的保养方式。

要想体验身体纯洁无瑕的快感，向别人展示您润泽透亮的肌肤，用刷子刷洗身体吧！

来试试这种快速简单的去角质仪式。刷洗身体有助于清洁肘部和指节的灰质死皮、粗糙的膝盖和脚后跟、发干的角质层、长有老茧的腿。一连几天坚持刷洗身体，您可以收获惊人的效果。

刷洗身体可以提振精神，增强活力。这样做还可以增强免疫系统的抵抗力。毛孔得以扩张和呼吸，指甲也能变得更坚硬。

随着年龄的增长，新陈代谢减缓，不刷洗身体的人，皮肤细胞会逐渐退化。刷洗身体可以清洁淋巴系统。作为我们的排毒系统，淋巴系统负责排泄器官和组织的垃圾。干刷有助于刺激排泄皮肤表面的毒素。器官和组织的垃圾（据说每天能产生400克）有三分之一是经由皮肤上的汗腺排出的。

此外，像刷洗这样的接触会刺激大脑分泌一些物质，这些物质可以滋养我们的血液、肌肉组织、神经细胞、腺体、激素和某些重要的器官。如果没有这种身体接触来刺激它们，我们就会感到某种匮乏，和缺乏食物时一样感到头疼。

用刷洗身体来开始新一天，享受它给您的身心带来的好处。刷洗身体就像一种仪式，是您爱护自己的一种方式。随身携带您的刷子。尽您所能来呵护您的身体。当您清楚自己想要什么的时候，您就已经走完了一条路的90%。

大部分女性的生活仅仅算是“生存”。她们总是想着:“要是我能再瘦二十斤就好了……要是我的压力没这么大就好了……要是我的失眠症没这么严重就好了……要是我能找到我的真命天子就好了……”她们安于现状地活着，日复一日，她们曾经梦想过的充满创意的生活随着岁月尘封。从爱护自己的身体做起吧，许多事也会随之改变。刷洗身体有助于我们创造一种新的护理方式，养成新的习惯，更有活力，更加了解自己的身体（比如饮食、妆容、发型……）。

除此之外，刷洗身体还是一种疗法：皮肤是一种情感器官，每一个皮肤细胞都保留着创伤的记忆。最新的医学发现表明，不仅大脑有记忆功能，细胞也有；每一个细胞都在忠实地记录，它能感受到喜悦，也能感受到痛苦，还会随着我们的情绪变化产生不同的反应。一位名叫克里斯提亚娜·诺瑟普（Christiane Northup）的美国医生因同主题的研究声名鹊起。根据她的研究，按摩可以修复细胞的某些损伤，沐浴和刷洗都有助于细胞恢复健康。

对自身的健康体魄、美丽外表和智慧头脑心存感激，每一天都争取对自身做出一点改善。

如何刷洗身体？

每天，在淋浴或者泡澡、穿衣或就寝之前，花五分钟刷洗全身。轻微的刺痛会让您感到舒爽，并且帮助您快速入眠。刷洗可以让您刷去白日的疲惫和烦恼。

1. 刷洗。

2.（用莲蓬头）冲洗。

3. 用一条粗质小毛巾擦干身体，让您的身体焕发光彩。

4. 用油按摩身体（半咖啡匙油足以涂抹全身）。

刷洗从脚趾开始（尤其要仔细刷指甲），然后是脚掌、脚后跟、脚踝、小腿肚、膝盖、大腿（周围一圈）、臀部、腹部、胸部、肋部、腋窝、上臂、肩膀、手指（尤其注意角质层）和手掌、脖颈、耳朵——当然，别太用力地揉搓！

粗质小毛巾是我们的工具。我们要用力来回擦拭身体，别忘了脚趾。专注于您擦洗的每个部位，以四肢为起点，来回地向心口擦去。

全身护理

在一面大镜子前仔细打量自己，观察您的赘肉、干皮、瘀血、老茧、色斑和突起的青筋……所有的这些浊物都深深地根植在您的细胞里。减少这些浊物，就能为您带来美丽、自由和力量。浴室应该成为我们享受美容这种纯粹乐趣的圣地。淘汰掉浴室柜里所有的化学产品，将它们替换成如下物品：

· 一把用纯野猪毛制成的用来刷洗身体的优质毛刷；

· 一条擦拭身体用的粗质小毛巾；

· 一块温和的香皂；

· 一瓶温和的洗发水；

· 一条用来擦干头发的毛巾；

· 一瓶油；

· 一瓶苹果醋；

· 一个用来稀释醋、给洗发水起泡、制作面膜或浸泡指甲的小碗；

· 一把木梳。

橘皮组织

商店里售卖的用于消除橘皮组织的护肤乳完全不起作用。但是，如果您下定决心，多锻炼身体，保证健康饮食，就可以解决这个问题。多吃新鲜的水果蔬菜。尽量避免食用加工食品，饮用矿泉水，避免酒精饮料（肝脏不好，排毒功能也无法良好运转），每天散步或跑步 45 分钟，早晚刷洗身体。如此坚持六个月，橘皮组织就能消失无踪。

来一场大作战：泡一个长时间的热水澡，来清洁皮肤组织，增加皮肤弹性。在沐浴之前，先饮一杯热茶促进排毒。在制订饮食计划时，没必要强迫自己执行魔鬼计划，只需要避免某些食物：没有脱脂的奶制品、红肉、白面、甜食、酒精、香辛料、过咸的食物、油炸食品、咖啡因和烟草。

清洗眼睛和鼻子

您知道东方人会清洗自己的眼睛和鼻子吗?

在日本的时候，有一天，我去了一位老妇人经营的温泉旅馆休养。当我从浴池里走出来时，她问我有没有好好清洗我的眼睛。看着我目瞪口呆的表情，还没等我说出话来，她就找来了一只脸盆和一罐刚接来的热气腾腾的温泉水。她把热水倒进脸盆里，帮我把脸浸在水里，叮嘱我睁大双眼，转动眼球，即使会有刺痛感。她保证说，在换过三四次水之后，我的眼睛就不会再有刺痛感了。

我听了她的话，睁大眼睛，屏住呼吸，每次 30 秒，然后……当我抬起头时，我惊喜万分！我感觉自己看得更清楚了，我的双眼得到了休息，我的鼻子呼吸到了从未体验过的新鲜空气！

后来，我了解到，这种做法十分常见，尤其是在越南的尼姑当中，因为她们认为身体的洁净和精神的纯洁有紧密的联系。

用沐浴涤荡身心

传统禅宗认为身体的清洁和精神的净化密不可分。与此相似，许多土耳其浴室和清真寺建在一处，这些清真寺是引人沉思的精神之所。回到家中泡个澡，享受这一刻的独处时光吧。这是为数不多让我们可以凝神静气的机会之一，也是让我们得以净化身心、回归自我的最丰富的体验之一。

享用完丰盛一餐后，饮上一杯中国的乌龙茶，泡在热气腾腾的浴汤里，让身体发发汗；然后立即躺平，以便继续通过毛孔排毒；

最后冲一个温水浴。泡澡对健康很有好处，它不仅能促进血液循环，还有助于排出毒素。当我们泡澡的时候，要泡到出汗才好。

在泡完热水澡之后，冲一个冷水浴不失为一种乐趣。当冷水淋上温热的身体时，可以收缩血管，避免心脏疲劳。就像关上舱门一样，冷水锁紧了身体中贮藏的热量；这个从热到冷的过程，通过收缩和扩张皮肤血管系统，调节了身体的温度。血液循环因此加快，促进器官更好地排毒。

在刷洗身体之后，死细胞被清除，除了出汗最多的部位，其他部位就不必用香皂了。听听音乐：和谐的旋律有助于大脑分泌一种耳熟能详的激素——促肾上腺皮质激素，这种激素有放松和镇定的作用。

享受水的触感，聆听水声泠泠。中国人认为，水是能量——“气”——的载体。要多喝水，每天醒来都要给自己准备一大杯温热的柠檬水。健康不只有关生病与否，还取决于我们拥有和表现出来的生命力。一个处于平衡状态的人，在生活中有信念，有活力，有动力。我们需要食物，同样，我们也需要“生”的能量。要明白，我们对自身的目标不是健康本身，而是快乐、充实地生活和工作。许多人都低估了泡澡的重要性。对健康而言，坚持每天泡澡绝对是有必要的；它可以促进新陈代谢，放松紧绷的肌肉。在日本和韩国，泡澡是一件神圣的事，很少有人不完成这个仪式就直接去睡觉。或许这也可以解释为何日本人和韩国人有着可以经受一切考验的健康体魄。

不需要加入健身俱乐部

为自己量身定制健身计划

您并不需要一份按部就班的做运动或者练瑜伽计划。

把选择权交给您的身体，让它根据时间和自身状况来决定它想要什么。您把自己折腾得大汗淋漓，不就是为了自己的身体么！

看看杂志，读读书，找专业人士做个咨询，去上各种课程，然后，根据从不同渠道搜集来的信息制订一个适合您自己的计划。平均一周四次，每次持续一小时，就是合理的安排。还要注意变换运动类型，包括地面、户外或水上运动。

想锻炼您的柔韧度，练瑜伽吧！

> 人们应该每天保养自己的身体，否则您在某天早上醒来时，可能会发现身体不听使唤了。当我们无法控制自己的身体时，我们有一种奇怪的感觉。在我看来，和自己的身体保持“沟通”，有助于我更加贴近内在的真我。
>
> ——雪莉·麦克莱恩[1]

1　雪莉·麦克莱恩（Shirley MacLaine，1934— ），美国演员、导演、编剧、制片人，1984 年凭借电影《母女情深》获得第 56 届奥斯卡金像奖最佳女主角奖，1999 年获得第 49 届柏林国际电影节终身成就奖，2012 年获得美国电影学会终身成就奖。

生活如滚滚逝水，奔流不息。为了让自己保持良好的状态，我们应该锻炼自己的柔韧度。一棵柳树在风中被吹得来回摇曳，但它的姿态总是优雅而美丽。

散步、游泳、运动……久坐不动的生活方式，让我们的肌肉长期得不到锻炼，于是各种毒素就沉积在了我们的身体里，从而导致了一定程度的体内中毒。肌肉的作用极其重要。当您让肌肉得到锻炼时，它们会呈现出一种自然的美感。一具匀称的身体即使在静止的状态下也能反映出生命力，姿态得体而挺拔。当运动时，肌肉展现出优雅和流畅的美感，而动作则表达出与众不同的气度。坚持锻炼和精心保养的身体，即使上了年纪也依然不会逊色。要做到对自己的身体了如指掌，需要内省和自修：这是对精神和身体的各项能力的训练。不是只有通过精神，我们才可以达到“悟”的境界；通过身体，我们同样可以做到。通过追求完美，我们对自身的了解愈发深入，这种追求也是所有东方文化的基础之一。要想保持身体的年轻和健康，积极锻炼吧！锻炼身体可以抚平焦虑，改善外表，并带给我们一种掌控自我的感觉。锻炼身体，应该和做饭、刷牙一样，成为我们日常生活的一部分。

我们在锻炼肌肉时，每一次都想让它们变得更强壮。疏于运动会让肌肉萎缩，进而导致肥胖和情绪低落。生活的质量取决于我们关注自己的所做、所思、所选的程度。只要我们给予足够的关心，事物就能取得进展。

尝试在双腿上“感受”大脑的存在。做运动有助于您“消化”自己的思绪。您的身体将会觉醒，您的精神亦如是。在运动时，可能会有许多念头在您的脑海里闪现。

不要仅仅为了减肥而做运动或者练瑜伽，还要为了快乐去运动，就像儿时在沙滩上疾跑一样。去寻找快乐的感觉，寻找活力满满的感觉。锻炼身体的女性看起来比别人的烦恼和压力更少，也更积极向上。

瑜伽，尤其能让人变美。它不仅带给人单纯的形体美，还带给人一种灵性和一种气场。

好好养护您的身体，它是您生命的容器。只有当您放松的时候，您的身体才不会浪费您的能量，更好地为您工作。试着把自己从令人感到僵硬拘束的重重压力里解放出来。如果您想让您和您的身体都重回自由，放松是必不可少的。

瑜伽也是健康的源泉。它使我们充满活力，培养我们的专注力和平衡力。瑜伽需要坚持定时练习，但是也能让我们收获许多乐趣。每天“凝神专注”15 分钟，您就能获益匪浅。

身体和精神的压力都会损耗能量。每一次拉伸时，通过感受身体和身体释放出的能量来体会乐趣。赶走脑海中的杂念，专注于您正在拉伸的部位。拉伸结束后，您就会意识到它给您带来的诸多益处。

瑜伽可以把天地间的万事万物转化为积极的能量。通过净化您的身体和集中您的精神来激发您的潜能。您的才能和智慧都将得到提升。然后，您将克服所有的消极能量，变得更加积极向上。

先花几个月或者几年的时间去上瑜伽入门课程，然后您就可以独自练习。一张瑜伽垫，一套紧身衣，一面落地镜，配上舒缓的音乐……您在自己的小天地里，就像在一个魔力气泡中。您会感觉自己遗世独立，您的外表甚至也会发生变化。就和学习一门语言或者一种乐器一样，那些一开始看起来不可能完成的动作，经过几周的练习后，往往能够得心应手。

学会自律

身体是知识与技能的载体。让我们再回顾一下茶道：它的重点是对形式的学习。得益于这套规范，茶道爱好者可以摆脱物质的享受和身体的怠惰，达到一种完美的宁静状态。我们应当下定决心，安排一部分时间用来冥想、阅读、听音乐、散步。我们应当自觉制订这些规范，再带着快乐的心情和信念去实践它们。

在西方，规范总是意味着痛苦、努力和忍耐。在亚洲，它则被先入为主地认为是有益身体、心灵和精神的。在文艺复兴时期，一些天赋异禀的人在绘画、雕塑等领域发明了反复练习的方法，我们称其为对手和心的培养。

在学习新技能时，模仿是很重要的。总有一天，我们能把模仿做到炉火纯青。在“得心应手”之前，我们要先“有样学样”，然后才能做自己。完善自我的方法多如牛毛，学会自律能让美熠熠生辉！

用五分钟的时间集中精力学习规范，比 45 分钟的漫不经心要有效得多。意识不到规范的力量和益处的人，是不会明白我们从中获得的益处的。付出一点点努力，只为您自己：吃极少的食物，在天亮时起床，冲冷水澡，直面某些困难。让这些行为成为您的生活方式。这样，当您面对重要的事时，您将更有毅力和耐力。清晨的微光、宁静与祥和，仿佛让这些苦行也变成了高贵的仪式。

锻炼自己，臻于完美

完美，不是要做出什么非凡的大事，而是用非凡的方法做好平凡的小事。

——日本谚语

解决烦恼的方式之一，就是有仪式感地做每一件事。用符合美学的方式去做事，什么都能做成，哪怕是苦差事。

选择一件您可以独自完成的事情，比如擦地、擦拭平底锅、在森林里漫步、沐浴、锻炼身体。试着全身心投入这些事情中，认真地去执行，直到把它们彻彻底底地完成为止。不要草草了事，要心无旁骛。在此时，在此地，做此事。重新发现行为背后的丰富内涵，此时您的行为与您自身仿佛融为了一体，您将带着和初次尝试时一样的新鲜感和兴致去完成它。

锻炼专注于当下的能力。不断尝试着超越自我，每一次都要比上一次做得更好。对您接触到的一切了如指掌。把您的晨起沐浴当作一次锻炼，有条理地进行。我们要学的东西还多着呢……

日本导演小津安二郎在他的电影中向我们展示了如何尊重每一件事情、每一个动作，哪怕是最微不足道的小事。在完成一个动作时，无论它是多么的平淡无奇，他的演员们都会全神贯注于他们正在做的事或者正在说的话，心无杂念。它们的存在占据了演员全部的心神，完成日常活动被视作形式的平衡。于是，身体，就被视作一个独立的实体。

为了让您的动作“行云流水”，请只为自己保留功能实用、外观优美的物品。您的优雅风度也取决于这些物品。行为举止要不紧不慢，谦恭有礼，同时您也要训练动作的灵敏迅捷。

您可以把生命中的每时每刻，都视作一次探索新发现的机会。

第六章 食不求多但求精

过度饮食

发胖，就是在损耗生命

发胖，就是在损耗生命；就是放弃精致、快乐、优雅、苗条，甚至自己的真实面目；就是失去健康。过度的发胖，会让重要器官（心脏、肝脏、肾脏……）的运转陷入停滞。因为它让人行动不便，身材走样，步伐沉重，阻碍了一切活力。发胖，就是和快乐生活永别，就是在青春年华逝去之前变丑变老。瘦身，就是焕发青春，恢复昔日窈窕，重新体验幸福生活。

——1948 年的某本女性杂志上刊登的文章

没有健康意识，自然就不可能拥有健康。我们生活在一个营养过剩的社会，肥胖正在成为一个越来越严重的问题，它是一种由过剩造成的疾病：快感的过剩，食物的过剩……我们欲壑难填，由此滋生的压力，是造成死亡的第一大原因。而它最重要的病因，与人类理智的缺失密切相关。

需要被治愈的，不是这一疾病，而是人类本身。

太多或太少，过早或过晚，都是生病的原因，也是治愈的关键。

要达到自然的平衡状态，就必须清除身体和心灵的毒素。

自爱，是瘦身的唯一方法

比起丈夫、孩子、朋友……女人和自己的身体的关系更加亲密。有了身体，她才得以存在，才能感受、付出、养育。如果身体罢工，我们基本可以断言，其他的一切都没有了意义。除了千方百计地鼓励女性自爱，我们没有其他的瘦身方法。营养学是一门哲学，是一种智慧。好好生活，就是在生活中的每时每刻寻找意义；能让您的生活回归简单的重要方法之一，就是少食。只有在没有特殊健康问题的情况下，您才可以遵照下面给出的建议。这些建议绝不能代替医生给出的建议，但都是我根据自身经验得出的在我看来合理的建议。我发自内心地相信，这个世界上不存在什么唯一正确的节食计划。适用于所有人的节食计划，就是消除消极的想法：如果我们既感受不到爱，也感受不到快乐，那我们根本不可能享受健康和积极的转变。

身体轻盈，生活轻松

最严重的疾病，是藐视我们的身体。

——蒙田

爱护您的身体。多出门，多微笑。给自己泡个香气氤氲的澡，为自己添置美观舒适的衣服。重新发现运动、拉伸、散步、舞蹈的美妙和简单……为达到平衡的状态而努力。要想解放自己的身体，就必须自律。要想保持苗条，就必须粗茶淡饭。做出努力，获得成果，可以带给我们妙不可言的满足感。

劣质的食物会带来严重的后果，让我们逐渐失去能量。

简单的食物会让您延年益寿。少食是黄金法则。如果不遵守这条法则，哪怕最优质的食物也无法被身体有效地吸收。

营养价值过低的食物会导致身体缺乏能量，让我们不得不求医问药：这是一笔不菲的花销。能量不足时，我们的头脑就不再灵活，我们的思维也不再清晰，我们的工作和生活也不再充实。过于丰盛的食物则要求身体不断地消化和吸收。没有排出的毒素会成为病根，引发伤寒、风湿、关节炎、动脉硬化、心理压力、癌症……

身体之所以变得僵硬，是因为关节变得迟钝。婴儿之所以柔软，是因为他还没有摄入太多的毒素。咳嗽、粉刺、肘部粗糙的皮肤、胼胝、脓疱、赘疣都意味着身体努力想要排出杂质。我们当中大部分人的身体都受到了污染，而我们的身体只吸收了食物中 35% 的营养成分——真是浪费！

向多余脂肪说再见

过重的身体让膝盖、胯骨和脊椎饱受劳累之苦，这种负担最终会导致血糖和血脂的调节系统紊乱（比如使人罹患糖尿病或使胆固醇水平偏高）。

当体内的脂肪含量与肌肉含量相比过高时，就会出现肥胖。如果您的肌肉发达，您的脂肪就会燃烧得快一些。

空热量食物（即营养价值较低的高热量食物，比如砂糖和白面）会阻碍新陈代谢，以脂肪的形式留在身体里。

肉类含有的脂肪，可以在短短几个小时内积淀在身体里，并且无法被消耗。这些脂肪首先经过肝脏，然后在血液中循环，沉淀到身体的某些部位，这些部位的温度会降低。您可以自己检查一下：和其他部位相比，您身上最胖的部位的温度要低一些。因此，一个人身上的脂肪越多，体温就越低，热量就越难燃烧。脂肪还会让血液循环减慢。

在油脂类食物中，只有优质的油类和鱼类脂肪与动物脂肪不同，它们含有抗癌物质，对健康来说必不可少。

从前，人们靠贮存粮食过活，直到大地再次为他们提供食物。而如今，我们吃得太多，却吃得不好。

减掉多余的脂肪，您就可以告别偏头痛、腰痛、劳累、精神不振。少食可以保持消化道的清洁，加快体内垃圾的燃烧。解放自我，就是抵御诱惑。

我推荐各位阅读卡特琳娜·库斯米纳（Catherine Kousmine）的著作，她对此进行了详细的研究[1]。

1　*Soyez bien dans votre assiette jusqu'à 80 ans et plus*, Libre Expression, Québec, 1994.

膳食：简单而精致

木碗

从营养学的角度来看，最理想的状态，就是每顿饭只摄入几种食物。这样营养物质更容易被消化和吸收。

某些民族的人健康长寿，是得益于他们的饮食习惯。喜马拉雅山附近的居民吃米饭、两三条小小的烤鱼和自己在菜园里种的蔬菜。在中国，百岁老人吃用石磨碾碎的玉米熬煮的粥，佐以一两样清炒蔬菜。

我在日常饮食中，会使用一个漂亮的木碗。它代表了我的身体所需的食量（据说我们的胃和拳头差不多大）并且能限制我的选择：一点点米饭、一汤匙绿叶蔬菜、一小块鱼肉（或者一个鸡蛋、一块豆腐……），佐以芝麻、香草和香料。在冬天把它做成一份浓汤，在夏天把它做成一份沙拉。

东方人，除非庆祝节日，平日的餐食常常只是一碗米饭、一碗汤或一碗面条。

木碗，象征着那些在生活中践行着自己的理想和道德的有信仰之人的贫穷和简朴。它是对这个在剥削无数人的血汗的同时挥霍无度、饫甘餍肥的社会的无声抗议。

在优雅的环境中享用美食

当一道菜肴烹制得无可挑剔，菜肴的摆盘也格外用心，用餐的环境也富有格调时，您不需要大快朵颐，就已经能感到满足。细细品尝几口，足矣。好的品质可以通过各种各样的方式让我们感到满足！

好好生活，就是在生活中的每时每刻寻找一种感觉。如果您的用餐环境十分鄙陋，出于对美的需求，您就会用无节制的饮食来弥补。为您的用餐好好打扮一番：换一身衣服，整理一下发型，让您的外表焕然一新。您的自我感觉良好了，您的食量也就小了。餐桌的布置也要尽可能地体现美感：不要把自己拘束在厨房桌子的一角！避免任何塑料餐具和纸质餐具，把它们从您的餐桌上撤下，您的生活也会焕然一新。老一辈的日本人只使用手工打造的瓷器、木器和漆器。我相信，用这些器具盛装一块再普通不过的萝卜，都具有无与伦比的美感。自战争和大规模工业发展之时起，孩子们就成长在一个充满塑料的世界里，不再懂得分辨贵重的材料。塑料制品只应该待在冰箱里。人们或许会批评我：这都是些没用的细节。但正因为这些细节，我们的日常生活才得以丰富多彩。正是这些细节提醒了我们，生活是一种乐趣。满足感不是由数量，而是由质量决定的：食物的质量，环境的质量，我们的精神状态的质量。

据说，生活在沙漠中的艾赛尼派[1]在用餐之前必须沐浴，然后身着礼服，聚集在小圣堂里。他们只盛取一次餐食，用几只小碗作餐具。

如果您用一些芦笋、一条烤鱼和新鲜出炉的全麦面包来招待客人，再搭配口感恰到好处的奶酪，不要因为饮食简单而觉得自己怠

---

1 艾塞尼派（Essenes）活跃于公元前二世纪到公元一世纪，是当时犹太教的三大派系之一。艾赛尼派教徒远离城市，过集体生活，一切皆平等分享。

慢了客人：如今的社会已经不再能体会健康饮食的乐趣了。我们对食物进行了过度的加工，因为在烹饪之前，这些食物本来就经过了一番“处理”，它们原有的风味早已荡然无存。

比如，我们可以把基督复临安息日会的饮食规范视作榜样。这个教派明确禁止信徒食用有化学添加剂的食品，所有的食物都必须是百分百的有机食品。因此，这个教派少有人生病就不言自明了。

夏克教教徒也是如此，他们用（自己种植的）新鲜食材烹制食物，并且只用香草调味，这种极致的奢华享受一直被他们奉为圭臬。他们的做法，其实和所谓的“新派”料理相差无几！

细嚼慢咽

不必计算热量，也不必饿着自己，更不必花大价钱购买“减肥药”。这些都是强迫症的表现。我们应该做的，是保持清醒，关注内心的想法和感受。

好好吃饭，意味着细嚼慢咽，尊重自己的食物和自己的身体。控制进食的方式，就是在控制自己的体重。在吃每一口食物之前，做一个深呼吸。把压力和负面情绪释放出来。在细嚼慢咽的同时，细细品味。

我们每日所需的食物，其实不过三把蔬菜、两只水果、六份主食（面包、米饭或面条）、少量蛋白质（鱼肉、豆腐、蛋类或其他肉类），还有每周食用两次的豆类蔬菜（四季豆、小扁豆或豌豆）——在通常情况下，就是200克米饭、面包或面条，100克蛋白质（豆腐、鱼肉或其他肉类）和蔬菜。食物的总量不应超过一个拳头或一颗西柚的大小。食材足够简单，花在烹饪上的时间也会缩短，特别的日子或者节日除外。

在古代日本，厨房是一个神圣的场所，在厨房准备的餐食可以令精神境界得到升华。在日本人看来，饮食是对生活和思想的创造。即使到了今天，唯一能让他们吃得心满意足的食物，仍是最后上桌的米饭。对于其他所有食物，他们都只是用筷尖夹起一点来品尝。因为他们明白，只有克制自己的欲望，才能体会美食的真谛和低调中蕴含的财富。

厨房用具

进食，不只关乎把食物吃进肚子里，还关乎食材的准备、烹饪、摆盘、宾客的接待……和灵魂的滋养。沉浸在洗菜、切菜和蒸煮的乐趣之中吧！选择优质的必备厨具，让您的厨房保持纤尘不染，调动您的想象力。

我的必备厨具

- 一把锋利耐用的菜刀；
- 一块砧板；
- 一个量杯，也可以当作调料碗；
- 一张小烤盘（可以方便地取出或收起来）；
- 一个用来煮米饭和炖菜的小炖锅；
- 一个中式炒锅和一只竹蒸笼；
- 一把漏勺；

· 一个多功能磨碎器；

· 三个手柄可拆卸的平底锅；

· 三只用来制作调料的材质轻薄的碗；

· 一打白色的厨房用抹布；

· 一把厨房用剪刀；

· 一只玻璃材质的馅饼烤模；

· 一只玻璃材质的蛋糕烤模；

· 刮刀、大的长柄汤勺……

把所有的厨具摆在洗碗池上方的架子上，以便在烹饪时触手可及。避免不必要的走动，及时清理弄脏的地方。在用餐之前，厨房应该被打扫得干干净净。

从营养学角度提出的几条“排毒”建议

肠道清洁

在十九世纪，每当病人去看医生时，医生会首先建议病人去洗胃。长时间以来，我们都认为这种做法荒唐可笑，但如今，它再度流行起来，虽然在形式上变得更现代，但本质还是换汤不换药。如今，这种疗法只在美容院里得到应用，其目的通常是预防或者美容（比如减肥、美肤……）。不要轻视便秘。便秘会毒害血液，导致严重的疾病。细菌堆积在结肠内，会导致息肉产生，甚至会引发癌症。

在旅行或者出远门的时候，便秘常常发生。愤怒、压力、焦虑都在阻碍肠道的正常运转。大脑通过细胞传递出一种信号，让内脏的运转陷入麻痹。无法正常运转的肠道会变形、堵塞，硬化的食物残渣积聚在肠壁上能导致头疼、大腿浮肿、出现橘皮组织或痔疮……

确保在饮食中摄入足够的蛋白质和膳食纤维来润肠通便。有的医生建议每日摄入 30 克膳食纤维，通过食用全麦面包、糙米、青豆、海藻（特别是食品店里随处可见的琼脂，它是制作明胶的绝佳食材）、甘薯、梅干、新鲜蔬果……

不过，如果您的饮食毫无节制，或者过于油腻，膳食纤维就没有用了。油腻或者酸性的食物（糖、酒精、白面、肉类、化学添加剂……）会阻碍消化过程，由此腐化食物。

消化食物的不是胃，而是肠道。细细咀嚼，让唾液中的酶提前消化食物；晚餐少吃，好减轻肝脏的负担。夜晚，是身体排毒和清洁的时段。如果白天生病了，晚上就应禁食，强迫身体摄取储备的能量。这样，身体就会排酸。

柠檬有促进排酸的神奇功效。在 21 天的时间里，坚持每天喝兑水稀释的柠檬汁，第 1 天 1 个柠檬，第 2 天 2 个柠檬，第 3 天 3 个柠檬，依此类推，直到第 11 天，然后逐日减少 1 个柠檬直到第 21 天。摄入这么多柠檬看起来有些超标，但是如果分多次摄入，这个方法就不会让人过于难受，而且疗效惊人。您可以去药店买试纸测试您每天晨起后第二次小便的 pH 值，亲自验证它的效果！

不要忘记，即使是优质的粗粮，一旦大量摄入，也会在体内留下酸性物质。因此要注意避免食用过多的谷物。

在身体感到疲劳时，尤其是出现便秘情况时，要避免食用过多的红肉、蛋类、甲壳类动物、调味品和酒精。正是这些含有酸性物质的食物，让我们的身体产生疲劳感，削弱我们的免疫力。

禁食：一个历史悠久的传统

禁食这种做法自古有之，其中既有饮食的原因，也有宗教的原因。严格遵循相关方法的禁食不会让身体失去健康所需的元素。甚至其他动物中也存在禁食现象。许多国家都有这种仪式，而且它不花一分钱。

禁食之后，身体需要的食物变少了，只需极少量的食物就可以满足胃口。您可以感受到您的骨骼，您的活力也会更加充沛。您工作起来更有干劲，您的问题也看起来更轻松了。身体和精神似乎不再有欲望、需求、嫉妒、觊觎、羡慕……所有的这些有负面倾向的情绪。禁食有助于让饮食回归均衡。您的精神不再萎靡彷徨。只需要禁食前食量的三分之一，我们就可以生活！

禁食前的心理准备

无论从心理上还是从生理上来说，有规律的短期禁食，都要比长达数周并且有特殊要求的长期禁食更轻松。事实上，禁食需要“刻苦练习”。试着一开始先禁食半天，然后延长到24小时，再延长到48小时，在一整个宁静的周末或者一段假期中。如果您想做一次长时间的禁食（最长20天左右），必须提前向饮食专家或营养师咨询建议。有规律的短期禁食，比如每周禁食一天或者每个月禁食两天，应该成为我们的饮食规范的一部分。

禁食需要决心、信念和对自己行事的担当。通过禁食，来自食物、酒精、烟草、压力等事物的毒素，能够从它们所积聚的细胞中被清理干净。

在开始禁食前，要明白，半途而废的禁食比从未开始更糟糕。胃部收缩了，不再分泌胃液；因此，如果您在毫无准备的情况下重新开始进食，您将无法消化这些食物。

禁食期间，要多喝水，多晒太阳，多运动，抛却烦恼。像准备一项仪式一样准备禁食，想象它将带给您的快乐和好处。如果您勉强自己，或者只是为了减肥而禁食，那么这样的禁食对您是没有任何益处的。要记住，禁食首先带给您的是能量，它让您得以清洁身体、改善心境。

禁食前，要做好心理准备。在开始时，每年抽出三到四个周末来禁食，给您的身体来个“大扫除”。

如果无法秉持克制的精神和对自己身体的尊重，禁食只会徒劳无功。禁食的成功与否，主要取决于您在禁食开始时的精神状态。

在禁食期间，饮用大量的矿泉水。水可以帮助我们排出燃烧过后的脂肪组织里的毒素。给自己添置一个漂亮的水杯和两箱气泡水。渐渐地，食欲将会消失；如果此时您喝果汁的话，您的胃将会受到刺激，产生进食的欲望。

在正常情况下，味蕾持续受到食物的刺激而“发痒”，要么还在回味着上一餐，要么开始渴望下一餐。如果什么都没吃，所有的感官记忆都已消失，此时禁食就会变成一种乐趣。但是，这种乐趣只有在彻底禁食的情况下才存在。

于是，身体开始依靠储备的能量过活，并开始清理多余的物质。禁食可以帮助身体燃烧过多的脂肪，排出身体的毒素。它首先通过分解毒素和发生病变的组织来给身体排毒。从消化系统处节省下来的能量，被用来帮助净化体内，铲除细胞最深处的毒素，让它们慢慢排出体外。新的组织开始生成，清洁工作开始了。在禁食期间，身体完全自给自足，同时燃烧毒素。因此，禁食是对身体健康的一场大型急救，对关节炎、风湿病、结肠炎、湿疹等许多其他疾病都有显著的治疗作用。在印度，医生在开始治疗癌症时，都会要求病人禁食。希波克拉底在许久之前就警示过我们："当人们饱餐时，疾病亦如是。"

禁食期间与禁食后

在禁食开始时，先服用草本植物通便剂（无成瘾风险）。这能让您感受到清洁的初步效果。然后，在正午时分，如果您开始感到虚弱，冲个冷水澡，给自己做个按摩。要记住，您现在是依靠储备的脂肪在维持身体。每天步行三小时。您将会惊喜地发现，从中获取的能量可以让您的胃得到暂时的休息。有些人可能会想："腹中空空如也，怎么会有力气每天步行三小时。"但是，您真的可以做到！如果一开始您觉得有些困难的话，想想您的诺言：走"小碎步"，第一天走 15 分钟，第二天走半个小时，第三天走一个小时。

这些战胜自我的小小成就感，会让您对未来的战斗充满信心。不要早早就思虑得太过深远：光是想到食物就会引发饥饿感。因此，努力把思绪放到其他事情上：提前想想高兴的事情吧，比如穿衣更合身了，更有自制力了，行动起来身体更轻盈了，步伐更敏捷了，小病小灾也更少了……

尽可能用各种方法调动自身的活力：阅读，冥想，听音乐……不要躺在床上不动。您的活动越充实，您的状态就越好。

禁食后的阶段和禁食期间一样重要。不要恢复您之前的饮食习惯，尤其不能一下子恢复。禁食后的第一天，在白天喝一些兑水的果汁，在晚上可以喝纯果汁。第二天，在白天吃一些水果，在晚上吃一份酸奶和一份沙拉。终于，到了第三天，重新开始吃一些少量的谷物（比如在中午和晚上各吃一片全麦面包，配上一份沙拉或者一碗汤）。尽可能细嚼慢咽。头几顿饭只需要稍微吃几口。到第四天，您就可以恢复正常的饮食了。

禁食是为了……

· 减肥（它的效果立竿见影）；

· 改善身心状态；

· 拥有好气色，显得更年轻；

· 让身体得到休息；

· 清洁体内；

· 改善消化功能；

· 视力更敏锐；

· 皮肤更光洁；

· 口气更清新；

· 思维更活跃；
· 重新养成更好的饮食习惯；
· 更有自制力；
· 延缓衰老；
· 让体内的胆固醇水平回归正常；
· 缓解失眠和心理压力；
· 让生活更加充实；
· 训练身体只摄取它需要的食物。

一位信奉禁食者

我曾遇见一位六十岁的美国老人，他每天步行三公里，他最喜欢的忠告就是：“少即是多。”

他每周禁食一到两天，每当四季更替之时，他会一连禁食七天。在禁食期间，他规定自己一整天只喝一杯果汁，他精心配制的果汁配方如下：

· 六个橘子
· 三颗西柚
· 两只柠檬
· 和果汁等量的矿泉水

重新感受饥饿

只在感到饥饿时进食

采取适合您的节奏。食用您的身体所需的食物（鱼肉、新鲜蔬果、香草、优质的食用油；每周吃一到两次烤肉，每次 100 克），而不是光顾着满足您的口腹之欲！大部分人因为感到焦虑或烦躁而进食。肥胖由难以直面生活中的烦恼造成。生活的压力和快节奏是人类文明的两大敌人。当我们生活得太快、太“艰难”时，我们体内的某些细胞组织也会加速病变。要学会放轻松，慢慢来，不要焦虑紧张，学会拒绝，烹制几道简单的美味佳肴。训练自己消化负面情绪的能力。食物不是我们的敌人，恰恰相反，它是我们的良医。

· 在您感到饥饿时进食；
· 充分品味每一口食物；
· 当您不再感到饥饿，就停止进食。

在世界上最富饶的地区（从饮食的角度来讲），人们遵循着动物的智慧，只在感到饥饿时进食，而不是死板地在固定的时间段进食。婴儿每天需要吃六次“小餐”，每餐间隔三到四小时。因此，最理想的做法就是每隔三到四小时就摄入少量食物。

学会只在感到饥饿时进食；不要因为到饭点了就进食，也不要因独自在厨房感到烦闷，因事务缠身而疲惫不堪，因想要在紧张的工作后“犒赏”自己，因抑郁、狂怒或嫉妒而选择进食。

这一切听起来都很简单，但却要求您有意识地开动因为长期缺乏活动而不甚灵光的头脑。首先，要分辨什么是“饿”，什么是“饱”。您还要学会区分哪些食物是您的身体想摄入的，哪些食物是您的欲望在作祟。当您看见一块诱人的糕点时，试着扪心自问：“我究竟是更想要吃下这块蛋糕，还是更想要一个让我感觉良好的身体？”最后，学会真正地品尝食物的滋味。身体就像一台精密的仪器，它喜欢我们对它精心保养。它拥有一套自我调节系统，您只需要知道如何激活这套系统就够了。

饥饿没有规律，可能今天有，明天无。让身体的状态和需求发生变化的因素有很多。如果我们不知道自己应该在何时清空肠道，自然也就不会知道饥饿感会在何时悄然而至。有时候，只需要在午后四点吃些小点心就够了；有时候早晨一醒来，饥饿就开始叫嚣。那么，何必勉强您的身体去适应固定的饭点呢？只在想进食的时候吃东西的自由，意味着您也可以在不想进食的时候拒绝任何食物。

饥饿的程度

1. 压倒性的饥饿（要避免这种状态，因为您会饥不择食）。
2. 过度饥饿：总是操心吃什么。
3. 重度饥饿：您必须立即进食。
4. 中度饥饿：您还可以再坚持一会儿。
5. 轻度饥饿：您不是真的饿了。
6. 进食后感到饱足、放松。
7. 进食后感到轻微不适、睡意昏沉。

8. 进食后感到不适、胃部难受。

9. 进食后感到腹部疼痛。

您空腹时胃的真实大小，就是您的食量。

但绝不要让自己长期处于饥饿的状态：胃会分泌胃酸腐蚀胃壁，并且产生无法被消耗的胰岛素。这会产生什么后果呢？——过多的脂肪！

使我们每天进食一到三次（保守地说）的食欲，与补充体内被消耗掉的储备能量的实际需求是有矛盾的。其实，我们只需要每隔两到三天摄入一次食物就够了。我们进食，是为了改变生理的节奏，感知自我的存在。众所周知，咖啡的第一口是最美妙的……所谓"有点儿饿"，只不过是胃的收缩和痉挛。我们感觉到的大部分"有点儿饿"，事实上只是一些想要获得慰藉、爱和美的欲望，我们想借此来抚平压力、疲惫、悲伤或烦闷的心绪。

在不觉得饿的时候进食，会扰乱我们的习惯。要养成好习惯，避免这样做。这需要努力、专注和自我约束。从明天早晨开始，静候"饥饿君"大驾光临，并享受这段时光。只要它一光顾，您的胃一定会提醒您。

诚然，当我们不得不遵守某些时间安排时，完全按照这些建议行事是不容易做到的；但只要有巧思和远见，我们就能创造奇迹：准备一些有营养的小点心，比如用生菜叶包裹的黄瓜金枪鱼饭团、用全麦面包和半片火腿制作的三明治、一根香蕉……

一个小诀窍：当您真的很想吃零食但又不觉得饿的时候，含一匙印式酸辣酱，让它在嘴里化开，试着去分辨人们一直在追求的五味：酸、甜、苦、辣、咸。

其实，经常犯饿的，往往是我们的头脑，而不是我们的身体！

饮料

您知道吗？一罐软饮的含糖量，相当于 12 块方糖。

吃得太咸会让我们想吃甜；同样，吃得太甜也会让我们想吃咸。然后，我们就会感到口渴……为了调节这种口渴，首先应该避免食用太甜或太咸的食物。

摄取过多的液体，会让身体通过多次化学反应辛辛苦苦储存下来的钙元素和维生素流失。当我们排汗或排尿过多的时候，它们就被排出体外，白白浪费。身体的温度也会随之下降，能量也会减少。钙元素的流失会让脊椎感到压力，让身体感到疲劳。

因此，在用餐时喝水，是一种错误的做法；但是，餐具中没有水杯，会让许多人抓狂。有人会问我：“那喝酒会怎么样呢？”但是，有必要每一餐都喝酒吗？生活难道没有其他乐趣了吗？日本人在餐后 15 分钟饮茶。事实上，在西方文化传入日本之前，水杯在日本传统文化里是不存在的。您读到这或许会感到十分惊讶。可日本人明白，在用餐前或者用餐期间摄入太多的液体，会稀释用来消化食物的珍贵胃液。为了保持消化功能良好运转，不要喝太多的液体。比如，一份汤，就已经含有足够的液体来支持我们的身体进行水合作用；蔬菜和水果也是如此。

为了避免口干舌燥的情况，避免食用酸性食物（尤其是糖和白面）和太咸的食物。和盐一样，糖会刺激我们的身体，抑制体液的流动，试图借此中和体液。过于油腻的食物也是酸性的，这就是我们在吃薯条后会感到口渴的原因。

但是，在两餐之间的时间里，我们应该多喝水。便秘往往是因为身体缺乏水分，尤其是老年人。

最后，您要记住，酒精和烟草一样，会让我们的血管硬化，造成衰老的提前。

功效神奇的醋

要想减肥，就在每天早晨醒来后，把一咖啡匙蜂蜜和一汤匙苹果醋，和一杯热水或冰水饮下。醋可以清除过剩的蛋白质，和苹果的作用完全相同。它可以分解关节处沉积的毒素，为身体补充钾元素，并保持身体的柔韧。

饮食简单而营养均衡

只有米饭可以和任何食物搭配，它和豆类一起，可以带来极高的营养价值，对健康十分有益。夏天，米饭可以搭配沙拉；冬天，米饭可以搭配（用三四种蔬菜煮成的）汤和少许鱼肉或其他肉类。这就是一顿简单、均衡、有营养且经济实惠的午餐或晚餐。

真正需要遵守的规则：

- 只食用新鲜的粗粮（避开所谓的“保健食品”和减肥产品，少吃速冻食品和罐头食品）。

- 只是偶尔吃甜品。
- 保证食物和饮料是常温的，不要刚从冰箱里取出来就直接食用。
- 不吃零食。
- 每天只摄取一种蛋白质。
- 食物做好之后立即食用（剩菜剩饭的营养价值已经流失）。
- 放弃动物脂肪和氢化植物油（黄油、人造奶油、肥肉、培根……），选择冷榨油。
- 对盐和糖保持警惕。
- 优先选择蒸或烤的烹饪方式。

要完美执行这些规则是很困难的，尤其是在我们不是单独用餐的情况下。但是，我们总是可以在有选择余地的时候，试着尽量实践它们。最重要的是，只食用优质的食物，严格控制食量，并且让您的亲友明白，除了把大把时间浪费在餐桌上，还有很多方式可以共度美好时光。

创造您的构想并将它付诸实践

每天都努力地构建自己的思维模式。正是因为您的想法、您的信念和您在脑海中不断重演的情景，您得以循序渐进地打造神采飞扬的健康体魄和成功的生活方式，追求个人的幸福。但是，除非您在脑海中已经有了设想，否则您的头脑是无法行动的，因为它找不到方向。

只要您想，您就可以在大脑中创造出一切构想。这些想法越是强烈，就越有机会激励您达成自己的目标。如此这般，您就可以成为您心中的理想形象：一个充满活力，身体敏捷、灵活而健康的人。您可以选择成为您想成为的样子。您对此有绝对的决定权。

举个例子，您将可以把您难以抑制的食欲，转变成一种对于青春苗条的身体的强烈渴望。为了保持理想体重食少而精、保持平衡的生活、拥有更强壮的体魄或更丰富的人际关系，能够对我们的精神状态产生影响，就和对您的其他重要器官的影响一样自然。

没有什么控制是必不可少的

当您想象自己已经达成目标，您的潜意识就能切实体会到类似的感受，这会变得极具诱惑力，您会产生前所未有的干劲。某些人能取得成功，并不总是因为意志力，还是因为他们对达成这一目标的真切渴望和他们采取的方式。如果您没有所求，哪怕全世界的意志力加在一起对您也不管用。

意志力永远在线是不可能的。这就是为什么您一结束节食计划，您的体重就会反弹。但是，一旦在不知不觉的情况下完美按照设定好的规范走，您就可以尽情享用喜欢的美食。即使您某天吃过量了，您的理智也会在第二天提醒您:“一切都会好起来的，但是，从现在起的这段时间内，什么也别再吃了。”然后，在多余的热量被消耗殆尽前的一两天里，您将胃口全无。

如果您目前的体重超标，您可能觉得它本来如此，未来也不会有所改变。但是，如果您想起曾经和现在的不同，那时您的体重比现在轻，或者展望一下将会再次迎来改变的未来，您的心中就会重新燃起勇气和希望。通过假想自己置身未来，来体验达成目标的心情，这种方法古已有之。

通过图像提醒您自己

头脑是通过图像运转的。仅凭语言描述，您可能无法回想起食物，但是通过图像，您就可以做到。要训练自己在大脑中具象化健康美食的能力。当您身处一场宴会中时，您的手会不假思索地伸向水果鸡尾酒，而不是小点心，并且在与人交谈的过程中，您根本不会想起什么饮食规范。

在脑海中想象食物的画面能带给您能量，让您的皮肤光洁美丽，让您的秀发飘逸柔顺，想象一颗无花果干、一份豆腐沙拉、一碗剥好的石榴籽、一块全麦芝麻饼干……

您的完美形象

您真实的自我藏在您自己身上，而不是您通过个性展现给世人的那副模样。闭上眼，放轻松，慢慢来，在脑海中想象出符合您的真实身材的理想形象。要完完全全按照想象中的那样勾勒出您的理想形象。把这个形象应用到自己的身体上，然后仔细体会您的感受，确定这就是您想成为的样子。当然，如果您肤色较深且身高只有一米六，就不要把克劳迪娅·席费尔[1]当作效仿对象了。不过，您要努

1　克劳迪娅·席费尔（Claudia Schiffer，1970— ），德国超模、演员、时装设计师，身高一米八，是二十世纪九十年代最知名的超级模特之一。

力把您的形象塑造得鲜活、真实。具象化您想要的生活方式。感受您的生命力、您的能量、您的轻盈和您外表上的每一个细节（首饰、妆容、鞋子、发型……）。这就是您真实的自我。您现在拥有的形象，将会被一点点塑造成您想象中的样子。

还要想象一下您期望在体重秤上看到的数字：您的理想体重。您的潜意识知道这一数字。您想象出来的图像，将会命令您的潜意识把它们传达给您的身体。要有自爱之心，您的内心要有一种强烈的信念，认为您配得上您创造出来的理想形象。拜托这个理想形象帮助您减去令您感到困扰的体重，并给予您建议、勇气、恒心和见识。拜托她在您需要的时候，在一面大镜子中映照出您的真实形象。她想要传达给您的信息，都在这一形象之中了。

日常训练

在短暂地放松过后，在连续 21 天的时间里坚持勾勒您想象中的形象，连细节也要分毫不差。您正在您的脑细胞里勾勒一幅示意图。当这幅示意图变得精确而清晰时，您的身体将自觉服从它。您的身体只遵守潜意识下达给它的命令。潜意识无法分辨真实的经历和想象出来的体验。试着“预想”蜕变成为全新自我的感受。但是，不要把您的目标告诉任何人。被迫向不了解这些做法并对它们提出质疑的人解释您的行为，会打消您的干劲。最为重要的是，要相信您的内心。大部分人会因为感到焦虑不安而进食。这就是为什么您必须把您想成为的形象构想出来，而不是想象一个人在健身房里拼命运动、苦不堪言，或者一个人对着餐盘中的一颗小豌豆暗自垂泪。

靠着这种训练，您将越来越有能力实现心中所想。

我们所有人都是我们的精神世界的囚徒。想要解放自我，我们就必须在精神世界里设定好程序。如果您认为自己是一个“粗壮的人”，您就应该把这一形象替换成一个苗条的人。即使是从来不曾窈窕过的身体，也可以变得纤细苗条。和很多领域一样，只有下定决心去争取，您才会有所收获。因此，如果您想做出正确的决定，您就应该为潜意识提供正确的数据（信息）。您的身体会响应潜意识传达给它的命令。

潜意识对我们身体的运转情况了如指掌，甚至比我们的医生和我们自己还要清楚。是潜意识向我们指明了我们的体重、我们的理想身材和我们应该做的决定，而不是杂志、亲友或者我们自身的感觉。

在出现矛盾的情况下，已经设定好程序的潜意识比意志力强大得多。在刺激生命进程时，文字和图像起到的作用毫不逊色于真正的细胞。刻薄伤人的话语比肢体暴力更难被饶恕。一个事故发生的现场比我们竭尽所能用语言描述的所有故事，都更能震撼心灵。

已确定的目标、节食计划、信息、练习……这一切都在为您的“计算机”提供正确的数据，包括刺激暴饮暴食的心理因素。

是潜意识在控制您的食欲。给自己定一个明确的目标，然后减去相应的体重。把您的目标体重写在一张纸上。达成目标的关键，就在您自己身上。

为您承诺的目标而努力

把您承诺的目标、您最喜欢的格言和警句收集起来，让它们成为您的专属珍宝。

在心中反复默念：

> 我正走在达成目标的道路上：我的理想身材已经存在于我身上。我发誓竭尽所能，尽快达成我的目标：少食，多运动，选择健康的食物，改善生活环境……
>
> 无论如何，我都会坚持到底，任何障碍都不能阻止我。这副完美形象已经存在于我身上，并将永远停留。我将成为一个魅力四射的人，要迎接这副完美形象到来的所有必备条件，都已经集中在我身上。
>
> 我已经拥有与我的身材相配的理想体重，我的感觉好极了，我美丽动人。我知道小份的食物就能够满足我，我也乐意这样做。我会明确拒绝空热量食物，我喜欢我在镜子里看到的自己。我已经知道，这就是我想成为的样子。我无条件地爱我自己。

在想象的同时，做出承诺。把图像送进潜意识的最佳方法，就是进入一种近乎入睡的迷迷糊糊的状态，尽量不要强求，让想法自然浮现。

把这个想法浓缩为一句简洁明了的话。当您反复默念它时，您会更容易记住它。不要刻意做出任何努力，也不要过多地思考。

简短的句子更能抓住人们的注意力。它们更容易被铭刻在潜意识里。比起长篇大论，它们要令人轻松得多。不需要依赖书本，它们更容易被记住。

战胜错误观念的最可靠的方法，就是反复回想那些简洁、积极、和谐的念头。如此这般，新的“思维”习惯就能养成。思维，是一切习惯的基石。

在 21 天的时间里，早晚默念自己的承诺清单，直到它在您身上留下深刻的烙印。您不需要接受意志力的考验，它们可以让您产生积极正面的感受，在您的生活中指引您。我们的承诺和想象，是我们的守护者，它们保护着我们。它们就潜伏在我们的决定和我们的选择当中，并且在我们的生活中发挥着重要的作用。

带来启发的承诺清单

尽可能地勤看这份清单，完整地看也好，只看一部分也罢：利用一切机会，比如泡澡时、听音乐时、约朋友出门前、在地铁上……在您的包里放一份，只要一有空闲，就拿出来记几段。

饮食之道：要质量不要分量

· 保持空腹状态让思维更清晰，让精神得到净化，为我们带来舒适感。

· 环境与食物一样重要。

· 节食计划是危险的，因为它强迫我采取强制性的做法。

· 只有在我的选择或者食用方法有误时，我的食物才会对我发出异议。每天吃一次米饭、面条或面包，对我来说已经足够了。

· 油腻的食物让我口渴。

· 比起冷冰冰的食物，热气腾腾的食物更让我有满足感。

- 我总是用同一只碗来控制我的食量。
- 即使是最容易让人发胖的食物，我也允许自己吃一两口。
- 我只吃新鲜的食物。
- 我很乐意发现我的胃不是总在忙着消化。
- 我应该把食物嚼碎，直到它变成流体，然后小口咽下去。
- 我应该能够区分口渴和饥饿。
- 每顿饭的量不应超过我的拳头的大小。
- 如果我吃得太多，我的身体将无法全部利用它们。
- 我尽量多在自己家中吃饭。
- 大部分人缺乏活力，是因为他们吃得太多。
- 香草是值得结交的朋友。
- 边吃边喝带给我们虚假的饱腹感。
- 拒绝劣质食物：它们会刺激我们吃得更多来弥补缺失的满足感。

饮食的学问

- 糖、盐和酒精会让我们的大腿肥胖，让我们的面部浮肿，并让我们的身体组织充血。
- 补充能量的最佳食物，是糙米、甘薯和土豆。
- 补充蛋白质的最佳食物，是豆腐、鱼肉、核桃、榛子和杏仁……
- 盐、白面、糖和食品添加剂会导致橘皮组织的形成。
- 空热量食物会耗光我的能量，阻止新陈代谢的正常运转。
- 食用肉类、鱼类和蔬菜……尽量不要改变食材的本味。

· 当感到饥饿的时候，吃升血糖较慢的食物，比如一片抹了一点蜂蜜的全麦面包。
· 如果我吃的都是新鲜食物，我就不必额外补充维生素。
· 无论是糖、盐还是酒精，都会让人上瘾，越吃越想吃，越喝越想喝。
· 酒精富含糖分，而糖分会转化成……脂肪！
· 没有灵魂的食物，会让您的身体也失去活力。
· 蔬菜本身就含有盐。
· 健康饮食两到三个月之后，您会忘记盐和糖的滋味。

自信

· 我美丽，我幸福，我轻盈，我就是我。
· 我对自己有信心，我只和自己待着就已经感觉良好。
· 美丽始于悦纳自我。
· 每一次成功都让我信心满满地去追逐下一次成功。
· 即使过去的我放任自己得过且过，但是我知道我可以好好把握当下。
· 我可以变得苗条，哪怕我从来不曾苗条过。
· 我可以让我心中的理想形象变成现实。
· 我可以像我渴望的那样，变得美丽又苗条。
· 观察镜中的自己，爱我自己，我可以变得更健康。
· 我可以拥有独一无二的美丽。
· 我爱我本来的样子，我将永远爱自己。
· 如果我爱惜我的身体，我的身体也会回报我同等的爱。

- 是我的精神在指挥我的身体。
- 在我的身体里，存在着一个光彩照人、活力满满的人。
- 至少存在 10 种方法，可以让我更加靠近真实的自我。
- 信任和控制完全是两码事。我信任我的身体。

意志力

- 如果我可以选择我想吃的食物，那我自然也可以选择拒绝我不想吃的食物。
- 给自己定下一个目标，然后努力地达成它。
- 我把忍不住多吃的行为，转变成忍不住变瘦的行为。
- 只有我，能控制我的体重。
- 我要为自己树立原则，因为我的精神不知道它到底想要的是什么。
- 当我饿了，我的身体会告诉我。我不必老想着这件事。
- 苗条是简单饮食的回馈。
- 在用完餐后，我应该感到自己充满能量，身体轻盈；而不应该感到疲倦或者昏昏欲睡。

时间安排

- 我在不饿的时候吃下去的所有东西都会让我发胖（我的身体无法对它们进行代谢）。
- 只有在我感到饥饿的时候，进食才会真正成为一种乐趣。
- 为了获得更好的新陈代谢，六顿简单的食物好过两顿饕餮盛宴。

· 我的食欲可能今天有，明天无。
· 在进食前，我应该多问问我的身体想要什么。
· 我应该在餐后的 20 分钟内多活动活动。
· 禁食应该是一种有规划的行为，但不应该和少吃一顿饭混为一谈。
· 在睡前 3 小时内我不会进食——我的胃需要停止消化工作。
· 用餐结束 15 分钟后我才能喝水。我的身体一次只想摄入一种食物。
· “为了待会儿不饿”而进食，会让我发胖。
· 禁食是一门修身养性的艺术。
· 让人扛不住的饿得发慌的感觉是不存在的，除非我们是真的饿了。
· 当我感到心烦时，我需要的不是一块巧克力，而是一些鼓励。
· 先吃我们最喜欢的食物，这样我们会饱得更快。

形象与态度

· 是窈窕淑女的态度，造就了窈窕淑女的身材。
· 意识和态度，与营养学知识同等重要。
· 我希望我生活中的每一天都呈现出我的最佳状态。
· 脂肪令我不能活动自如，如果我吃零食，我是为了忘记困难、烦恼和不安……
· 害怕衰老和肥胖让我畏葸不前。
· 我的饮食习惯造就了真实的自我。
· 食物是我最好的医生。

· 健康，是一种培养良好习惯的品质。

· 是我一手打造了我的身体和我的生活。

· 我可以只去餐厅和人聊天，不是非要吃点什么才行。

· 我没法撒谎：我的身体会泄露我吃过的所有东西。

· 我不需要几十条裙子，我需要的是苗条的身材。

· 要么停止进食，要么舒舒服服地穿着长裤，我必须做出选择。

· 想象体重秤上的理想数字。

· 我应该时刻意识到我的情绪。

· 我应该提前预想饮料对我的身体产生的影响。

· 我要舍弃一切能破坏我的能量的事物：有害健康的食品、无趣的人、笨重的物品、庸碌无为……

· 我的身体不应该保留任何无用的脂肪。

· 我感谢我自己一直保持着健康的体魄。

· 我对待我的身体，就如同我对待我最好的朋友。

· 我不会特意制订节食计划，我平时就吃得极少，仅此而已。

· 我与食物和平共处，它丰富了我的生活。

· 我的身体就是我的圣地。我满怀敬畏地栖息其间。

· 如果我今天吃得太多，那我明天和后天都不会感到饿了。

· 我的精神尤其能捕捉到图像（比如食物、体型、服饰、未来……）

· 当我们不再对体重秤上的数字斤斤计较时，说明我们的减肥成功了。

· 为自己烹制食物，就是在呵护我的健康与美丽。

· 在许多方面，品质都在给我助力。

· 我的长裤就是我最忠实的法官。
· 要想瘦身，我必须得有个计划。
· 要想瘦身，我的想法必须能落到实处。
· 滋养我的精神，和滋养我的身体同等重要。
· 按照身体的要求来做选择，就是在与自己和睦相处。

保养身体

· 我应该好好照顾自己，这样才能更好地去照顾别人。
· 我不想让食品添加剂和不健康的食物来损害我的身体。
· 我记录下我在体重秤上看到的数字，无论大小。
· 通过锻炼腹部、健康饮食和保持正确的姿态，我的身体会变得更美。
· 我每天花 5 分钟刷洗身体。
· 不要安排固定的锻炼计划，这应该由我的身体来决定。
· 休息得太多，身体就会“生锈”，这意味着自我毁灭。

第三部分

心

我们一门心思想着要去了解别的事，结果却连自我都不了解，何其荒谬。

——柏拉图

一直以来，尽管存在着笛卡儿主义[1]的论断，但我们明白，身体与灵魂的痛苦是不可分割的。

但是，要想克制激情，寻求平衡，光做出决定是不够的，我们还必须对思想进行一次彻底的重构。

因此，爱惜自己，和自己成为朋友，自尊自爱，都是我们的首要义务。

某些传统观念（尤其是在西方和某些富裕的国家）在阻碍着我们为这些箴言赋予正面积极的价值，我们将其称为个体的自我封闭、自恋……但是在苏格拉底、道元禅师、埃克哈特大师，以及印度的

1 笛卡儿主义（Cartesianism）认为精神和物质是两种绝对不同的实体，不能由一个决定或派生另一个。这种客观唯心主义的思想完全割裂了物质和精神的关系。

一些著名智者看来，爱惜自己始终都代表着积极、正面。也正是从这些名家学说开始，东方和西方都开始构建可能是最严肃、最苛刻，同时也是流传范围最广的道德伦理（享乐主义、禁欲主义、佛教、印度教……）。

禁欲是获得安宁和自我认知的必要手段。为了改变而做出努力，这首先是在解放自我。如果我们想要焕然一新，就不要对生活有太多要求，避免放纵过度，行事谦和恭顺。这都是我们必须遵守的规则。

对自我的关心，在所有的文化中都是永恒的命题。它提醒我们，把希望寄托在自然灾害或这个世间的恶意和愚昧等现象上，是白费心思。只有把目光转回到那些与我们切身相关、对我们有直接影响的事情上，才是正道。

我们能够做到，也应该对自身负责，改造自我，完善自我（铭记过去的方法，对良心的考验，有关放弃、自律、克制和净化身心的练习……）。

唯一需要实现并一直保持的、不随时间和境遇的改变而改变的目标，就是自我。我们有能力控制自我，改正自我，发现完整的自我。

习惯，应该成为生活艺术的有机组成。

塞内卡[1]说过："要保护这个自我，捍卫它，武装它，尊重它，为它争得荣誉，支配它，不要让目光离开它，让整个生活围绕它

---

1 塞内卡（Lucius Annaeus Seneca，前4？—65），古罗马政治家、斯多葛派哲学家、作家、雄辩家，现存著作有9部悲剧、12篇关于道德的谈话和论文、124篇随笔散文。

而展开。正是因为和自我的接触，我们可以感受到这个世上唯一合理的、不可磨灭的、无穷尽的、最为强烈的喜悦之情。”

塞内卡还在给卢基里乌斯[1]的信中写过：“如果我全凭个人喜好行事，那是因为我把个人喜好放在了先于一切的位置。”

---

1 卢基里乌斯（Gaius Lucilius，前180—前103），古罗马讽刺作家，他的作品取材广泛，对古罗马社会各方面均有辛辣的讽刺。

第七章 您的内在生态

净化您的精神

忧思和压力

负面消极的想法、躁动不安的想法、傲慢轻蔑的想法、敏感多疑的想法，都会污染我们的内心。要改善内在生态，我们就必须把这些想法全部清除干净，代之以积极向上的态度。

内在生态，是为了实现自我完善而在内心做出的努力，我们也称之为在精神上做出的努力。

面对大众媒体常常传播的暴力和恐惧，我们应该用知识，用艺术，用美，用对幸福、和平与爱的追求，去对抗它们。

我们的内心越是平静，我们就越容易用清晰的思维去管理、整理、组织我们接收到的信息，并学会恰如其分地利用它们。我们要真正付出的努力，是让自己做好准备，迎接一个境界更高的生活。

担忧只是一种想法，不过如此。300年前，“想法”一词在英语中的意思就是“担忧”。我们担忧的事情，90%是绝对不会发生的。诚然，大灾难的确存在，比如地震、火灾和重病。但是，如果我们平常总是担心灾祸临头，那么比起实实在在地发生在现实世界中，这些祸事更多地存在于我们的脑海里。

伤春悲秋、焦虑不安、敏感抑郁，都是有害的。感到叛逆、恐惧、嫉妒、沮丧、仇恨、愤懑等情绪，就是在进行精神和身体上的自我摧残。负面消极的情绪会堵塞大脑，使爱和幸福无法在此间顺畅通行。

我们身体的僵硬，是由精神的紧绷造成的。担忧的情绪能影响胃部的神经，迫使它们给大脑发出指令，好分泌更多的胃液，而这些胃液会变成对我们的身体有害的毒药。这样的情绪会撕裂、摧毁我们的神经和腺体，而这些组织正控制了体内垃圾的排泄和清理，这能解释为何焦虑的人即使吃得很少，还是瘦不下来。忧思不绝会对我们的睡眠产生影响，催生糖尿病、皱纹、白发和暗沉憔悴的面色。它会破坏我们集中精神和做决定的能力。它让我们活力不再，新陈代谢失调。但是，担忧不过是一种习惯罢了！那些不懂如何克服这种坏习惯的人，往往容易英年早逝。重度神经过敏的人痊愈的过程相当漫长。神经过敏是一种经久难愈的顽疾，并且会诱发其他疾病。我们如果把精力都放在源源不断的担忧上，又如何能创造一个安宁平静的生活？

医生认为，对时间本身的恐惧对身心造成的影响是最有害的，这种恐惧可以导致我们未老先衰。不过，我们拥有训练自己的能力，能够自我疗愈，重新获得健康和生活的幸福。

由于在脑海中翻来覆去地思考问题，到最后，我们陷入迷茫，不知道自己究竟想要什么，也不知道自己是谁。压力使我们自我分裂，精神涣散。

消除愤怒的情绪，让它流露出来，从我们的体内释放出去，是至关重要的。

要想对抗压力，首先需要遵循如下建议：

· 既要吃得美味，又要吃得健康。
· 让身体动起来，多呼吸新鲜空气，多游泳。
· 给自己做一些保养，让自己保持好心情。
· 尊重您的生物钟：消化、激素的分泌、胆固醇的合成、细胞的再生……要想了解这些节律，最好的方法就是拿一个小本子，在一个月的时间里记录下您什么时候感到饥饿、什么时候感到疲惫、什么时候感到活力下降，试着逐渐养成新习惯，或者按照您的生物钟去调整自己的作息。
· 睡眠充足，缺乏睡眠会导致心理压力。
· 每天按时入睡，按时起床。睡意以 90 分钟为一个周期，如果我们没赶上这趟“入睡列车”，就只能再等下一趟。
· 在安静融洽的环境里带着快乐的心情去进食。避免人声鼎沸的餐馆、速冻食品和流水线式烹饪。
· 食用简单的菜肴，比如新鲜的蔬菜、鱼类、优质食用油和时令水果。

· 要记住，在平和的环境中惬意地进食给新陈代谢造成的影响，绝对与在糟糕的环境中进食截然不同：在后一种环境中，消化功能会受到干扰，新陈代谢会滞缓。

· 把午餐时间变成自己的专属时光，拒绝那些让您感到勉强的邀约，不要吃太油或太甜的食物。

· 每天给自己吃点巧克力，巧克力可以补充镁元素，还可以改善睡眠。

· 在脑中牢记，饮酒过度会影响睡眠，削弱身体的夜间修复能力。

· 绝不要吃得太饱，也不能吃得太少（除非在禁食期）。喊饿的常常是我们的大脑，而不是我们的胃。

· 早餐要全面而均衡。理想的早餐应该能代表日常饮食的精华，能为我们提供有滋有味、营养丰富的食物。禁食期的结束通常从早餐开始。

· 锻炼身体。运动是最重要的抗压方式。但是，运动要协调，要有规律，有分寸。每天做 10 分钟的运动可比每周运动一小时来得有效。

· 在大自然中漫步。散步可以使我们的思维更清晰，帮助我们更理智地看待问题。别忘了去水边呼吸负离子。

· 打个呵欠，笑一笑，不要总是那么严肃。

如果您开始被压力所吞噬，那是因为您放任压力对您为所欲为。学会用从容的态度去对抗它。

我们在想什么，我们就是什么

面色、伤疤、做表情时露出的皱纹……我们的喜悦、痛苦、压力都在我们的面容和相貌中展露无遗。您可以从中读到一切。

对自我一无所知，稀里糊涂地过日子，会把我们引向堕落和自毁的道路。是我们的想法造就了我们的生活。我们是由各种生命的震颤构成的，我们有能力去改变生命的进程，去为我们的现实赋予意义，去拥抱我们拥有的一切可能。

然而，只有当我们对周遭的事物、我们的行为、我们的思想……有清晰的认识时，以上提到的这些才得以实现。我们的潜意识是 24 小时运转的，它储存了我们的各种想法。每一个想法都是因，由此而来的条件能生出果。因此，我们要对这些想法负责，好让它们只为我们创造有利的条件。

是内部世界在决定着外部世界。学会筛选自己的思想。选择成为一个和蔼可亲、轻松愉快、温柔善良的人，世界也会以同样的面貌回报您。

要努力在精神中建立一种信念，相信会有好事发生在您身上。要“审视”您的思想，把它引到正确、美好、有意义的事物上去。

您身上的一切，都反映出您的想法。把您的精神世界想象成一座花园。您在其间播下种子。您的潜意识满是您每天播下的念头。您从中收获的活力、健康、友情、社会地位和经济收入状况，都是您的思想结成的果实。因此，最重要的是对它们投入最大的关心。活力随思想而来，而思想也是态度的先行。这就意味着您必须为您的存在负责，您周遭的世界只不过是对此的投射。

健康有关您的内心态度，生活要求您永不放弃您身上的优点。您的思维方式和表达体系，同样能影响您的行为举止、您的姿态、您的“幸”或“不幸”。只有懂得如何平静从容地生活，您才会变得强大。

给纷纷扰扰的思绪做减法

信奉“无为”思想的人认为:“如果您的思想能够不纠结于无用的琐事，那您就处于您人生的最好阶段。”

我们生活在我们为自己建造的心理牢笼之中。我们被自己的信仰、观念、受到的教育，以及环境带来的影响所束缚。

如果我们的精神世界堵塞淤滞，我们就无法正常运转。太多的东西让我们无法自制，让我们误入歧途，阻碍我们集中精神。

随着年纪渐长，我们的精神世界也越来越挤挤挨挨，就像一座堆满了早已被我们抛诸脑后的闲置物品的阁楼。我们可能对它们的存在毫无察觉，但是我们无时无刻不在思考。我们该如何度过我们的时间？我们的雄心壮志到底是什么？我们为之不懈奋斗的事，真的值得吗？

在您的精神世界里建立秩序，就像归置物品，它意味着您要舍弃所有派不上用场的东西，以便给重要的事物腾出位置。每一个想法都会在大脑中留下痕迹，增强或削弱我们的免疫系统。

正如舍弃物品会让生活更轻松，给纷纷扰扰的思绪做减法也可以给新想法的萌生留出空间。如果您有规律地训练自己，清除或驱散您脑海中的某些想法，那么您就可以规避这些念头可能驱动您做出的行为。

给那些最常出现在您脑海中的想法或思绪列个清单，它们就像是您从早听到晚的磁带，一遍又一遍地循环播放，您对它们是如此地习以为常，以至于根本想不起来要驱散它们。

要多用心，花点时间，耐心细致地列出这份清单。如果某些点让您感到棘手，把它们先搁置在一边，或者专门准备一个时间，集中精神思考它们的内容。然后，一旦这份清单列成了，就试着耐心地花上一整天的时间，把头脑里的这些念头一个接一个地驱除掉。无论它们过后再冒出来多少次，都要温柔但不失坚定地把它们赶出去。就和任何练习一样，这个练习会让您有所收获。届时您会惊喜地发现，新的想法在大脑中萌生了。

您会问自己好问题吗？

> 所有人都应该面对这个问题，了解我们应该获得和必须追求的个性的统一性究竟在何处。东方自远古以来，就是这样开始了长途跋涉。
>
> ——约翰·布洛菲尔德[1]《瑜伽，带来智慧》

每个问题都应当有针对性，切忌模棱两可，这样才有可能听到答案。同样，应该用简单的方式表达问题。无论我们做什么，都需

1　约翰·布洛菲尔德（John Blofeld，1913—1987），英国作家，中文名蒲乐道。他的作品主要侧重于对亚洲思想和宗教的研究，尤其是中国的道教和佛教。

要做出选择。一切都有其意义。我们之所以注意到的是某一些事情，而非另一些事情，都是有原因的。有的人注意到的是美好的事物、有趣的灵魂，但也有人看到的是垃圾堆、有瑕疵和不完美。大多数时候，选择都是无意识的，但是我们可以更好地利用我们的意识，把它当成一件可以告知我们选择的工具。这样您就可以自我修正，去追求其他更好的事物。

在某种意义上，我们在不断地创造。我们可以给我们的潜意识下达指令，让它在未来只选择那些恰当的事物。

精神状态

不曾经历过低谷，就不会经历高潮，把这个简单的事实深深植根在精神之中，焦虑和悔恨就不复存在。当我们身处低谷时，生活也很少像我们想象的那样黑暗。如果我们还是做着从前一直在做的事，我们只会原地踏步，没有任何改变。唯一能给我们设限的人，是我们自己。真正的自尊，源于对自我的掌控，这能引领我们走向自由。我们可以通过练习让自己更有耐心，这就好比肌肉的形成，肌肉在经过锻炼后会变得更加坚实。

精神是创造的媒介。当我们割伤手指时，生活会宽恕我们：它让新的细胞形成，并帮助伤口愈合。思想也是如此。

每当您开始担忧、迷茫、孤独、郁闷、怨恨、消极或怒不可遏的时候，拿起一本有趣的书，换一身不一样的服装，尽您所能让您身处的环境更加轻松、欢快：鲜花、音乐、焚香或香薰蜡烛都有帮助。您也可以做做瑜伽或体操动作，写写日记，泡个澡或散散步。

最重要的是，叫停脑海中蜂拥而至的思绪，直到新的能量将旧的能量取而代之。

超越问题本身

面对问题，没有什么可做的，只有需要去了解的。

——查尔斯·巴克博士[1]

不要处理问题，而要超越问题本身。聚焦在一个问题上，就是在让它不断彰显存在感，阻碍我们向前迈进。负面的想法是不需要被分析、解剖、研究的，否则它会持续发酵。拒绝用积习旧怨和难以愈合的伤口荼毒自己的生活。将过去的碎屑残片扔进垃圾桶。只留下美好的回忆。

每一天，生活都在重新开始。您是活在今天的人。不要去想昨天的您，不要认为今天的您还是应该保持昨天的样子。我们所有人的身上都有无限的潜力和焕新自我的能力。阻止我们发掘这些能力的，就是我们在心理上对过去的那份念念不忘（这是一个恶性循环）。此时此刻我们拥有的能量，才是我们唯一需要的东西。

只有从简单的细节入手，我们才能打破困难的处境。所有我们倾注了关心的事物，都会变得重要起来。我们越是在不愿放手的事上坚持，就越能对其施加影响。

1　查尔斯·巴克博士（Dr. Charles Barker），美国精神病学专家，从事儿童和青少年精神病学研究。

不要主动地去思考问题，而是要忘记它。只需要认识问题的本质和有必要提出的疑问。让问题静止，一潭静水般凝滞不动。很快，奇妙的事物会在您的潜意识里浮现。当我们在一个问题或一些让我们恼火的事情上不肯罢休时，我们就会忘记生活中所有的美好和它的无限可能。我们只看见短板和不公，这就是我们感到不幸、沮丧和悲伤的原因。不过，生活中的艰难时刻也能成为一个契机，让我们可以后退一步，重新思考事情。我们应该问自己："什么才是最重要的？为什么我要这样做？"

我们知道，生活中的每时每刻，都存在着一种我们可以从中受益的强大力量，但是我们得要求我们的心灵为我们"接通"这个电源。我们越是明白这一点，就越能同我们的问题抗衡。如果我们被这些障碍、问题和困难拖住了脚步，我们的潜意识也会因此受到影响，通向幸福的大门也会被堵上。在我们身上发生的所有事情，都教会了我们一点东西。

负面消极对我们有害

负面消极对我们的思想和行为带来的伤害，就和垃圾食品、烟草或睡眠不足一样。我们之所以沮丧，是因为欲望没能实现；我们之所以担忧，是因为不确定性重重；我们之所以消极，则是因为我们缺乏能量，对自己信心不足。

要想治愈心病，就要尽可能让从前的无心变成有心。首先，要确认这种负面消极的情绪状态的根源，弄清楚自己的内心到底想要什么。

列一份清单，写下您内心的渴望之事。不要试着去弄清楚您能否收获您想要的，也不必去想您该如何达成您的目标。引导得当的思维能够创造一些震动，这些震动又能转化为灵感。同样，坚持定期进行精神训练，我们就能驱散负面消极的思维。

我们还能训练自己对抗各种负面消极的思维，这就像学习骑自行车、游泳、驾驶……一旦习得，我们就能下意识地做出这些行为。

如果想训练自己变得平静从容，您可以用一个月的时间让自己达到这种境界。在生病的时候，我们往往努力不去想最坏的结果，好让自己能够以最快的速度痊愈。

总有一天，任何想法都将归于虚无。意识到思维的力量。真正消极的究竟是生活本身，还是您的感受？

承认您的潜意识是无所不能的。潜意识能给予您幸福、健康和您应得的一切。

不要沉湎于过去，而要着眼于当下。比如，在每个早晨，问问您自己想拥有怎样的一天。努力提醒自己生活中存在着美好的、令人舒心的事物。悲观主义者的行事风格也是消极被动的。一个人的思维方式越有建设性，这个人就越有动力朝着提高自我的道路前进。

养成习惯，在入睡之前回忆白天发生的开心事：一次散步、一顿美味佳肴、一次友好会面……这些都是您的珍宝，把它们在记事本上快速地记下来：过些时候，它们可以让您回忆起生活曾给予您的幸福。做一次祈祷，要求您的潜意识给出回应，回顾您的种种想法，告诉自己美美地睡个好觉。只要您在入睡前提出过问题，梦境就可以让您找到它们的答案。

控制您的精神

从旁观者的角度观察您自己

想象您自己拥有一项神奇的能力：灵魂出窍。坐在您的躯壳旁边，仔细观察您自己。这个人怎么样？她长什么样？您喜欢她吗？您可以给予她帮助，为她建言献策吗？

训练自己超然物外的能力。不要对某些想法太过执着。当您下定决心采取行动舍弃某件东西——哪怕是奋不顾身的热爱——的时候，最大的慰藉之一，莫过于看到您真的做到了，并且您的生活仍在继续。您会从中感受到满满的欣慰和自如，您会对自己说："这下好了，我卸下负担，一身轻松！"

当精神和心理上的一切都被清空，当我们如处真空之中，当我们不带一丝眷恋，当所有的行为都只受地点和时间的限制，当客观性和主观性融为一体，您就能达到最高境界的超然物外。因此，心无挂碍是您的终极目标。我们需要学习一些技巧，来控制自己的生活、压力，以及所有打扰身心的混乱思绪。

树立自己的原则

> 原则就像一块布料，用生活中所有的线，密密地织就，它精致、厚实、美观、耐用。
>
> ——莎士比亚

我们的心是不知道它自己想要什么的：我想变瘦，我也想吃一块蛋糕。

因此，我们需要原则。如果我们付出足够的努力，坚持在一段时间里践行自己的原则，那么对原则的应用将会变成一个习惯和一种条件反射。

我们的心不懂得如何做选择。它需要原则来支撑自己，来帮助自己给行动下达指令。有许多原则是如此简单，以至于我们都不曾践行过它们：平衡生活、通情达理、尊重环境……目标和原则是生活的支柱。没有它们，我们将随波逐流。

懂得决断

懂得既快又好地决断，是一门艺术，亦是一种素质，因为这可以避免更长久的烦恼。一旦做出了决定，完成了必要的行动，问题就可以被视作已经解决，努力从您的脑海中清理掉它。试着尽量自己做决定。在做选择和做决定时，个性中的坚强刚毅，都将成为一种必不可少的动力。安全感、智慧和坚毅是相互依存的。努力寻回孩提时代的创造力吧。

懂得如何做出正确的选择，是我们能够拥有的最具创造性的天赋之一。生活的每一分钟都在要求我们做出选择，并且为我们呈现出无数种可能。但是，一旦我们虚位以待，准备好接纳未知的事物，我们就打开了通往更为深远道路的大门，直到生活再度陷入空虚。重视您心心念念的事物。这是发现您的激情的唯一方式。当您感到快乐时，您的生活也会变得充实丰富。

专注与冥想

训练您的专注能力：冥想

任深水静流，映日月于身。

——鲁米[1]

清空您的四周，不要因身边的杂音、面孔和人分心。把一切当作真空，专心思考一个问题，或者更确切地说，思考您自己和这个问题之间的联系。这样做，是在消除您的俗念、欲念和妄念。

在开始时，就要把“无念无想”当作您的目标。起初，思绪会回来纠缠您：慢慢地驱走它们，一遍又一遍地抛却它们，哪怕只能坚持 30 秒。只要试试看，您就会发现这是可以做到的。这将成为您的第一步。瑜伽修习者可以保持这样的状态一整天。如果您勤加练习，清空您的思绪，尽管思绪会卷土重来，但是它们会越来越少，到最后，您就能轻而易举地抛却它们。练习冥想，控制心灵，就像锻炼肌肉一样。只有耐心和恒心能产生效果。

当一个人冥想时，他将沉浸在比睡眠还要深一倍的休眠状态中。他对氧气的消耗增多，他的心跳加快，然而他的精神仍保持清醒。要想通过冥想达到如此深度的放松状态，只需要 10 分钟；而通过睡眠，则需要 6 个小时。

1 鲁米（Rumi，1207—1273），伊斯兰教苏菲派神秘主义诗人，代表作有诗集《玛斯纳维》。鲁米在波斯文学史上享有极高的声誉，与菲尔多西、萨迪、哈菲兹并称为“诗坛四柱”。

在冥想的时候，一切模棱两可，一切对他人的依赖，一切眷恋不舍，都彻底消失。一种极端自由的感觉涌上心头：这是通往幸福最简单、最快速的道路。让事情按照它们自己的轨迹发展下去，仿佛它们都与您无关。一段时间以后，您会深刻地感受到自己超然物外。

在任何地方都可以练习冥想，哪怕是在排队或者在洗碗时。打高尔夫球也是一种练习冥想、放松和静心的绝佳手段。一位高尔夫球运动员曾说过，当他结束了一场比赛后，他感到十分平静，俨然一位稳坐山巅的高僧。最重要的是，保持住内心的专注。这能带给您在别处绝对收获不到的力量。这种精神的自律，绝不等同于空虚或麻木。这是一种磨砺意识和注意力的手段，在我们每一天的生活中都是极为有用的。

有人曾经就冥想和瑜伽说过这样的话："我不存在没有时间练习的情况。"

"冥想"的动词形式（拉丁语 meditari）的意思，是任其通往中心。一切固定不变的事物，都会占据并堵塞心灵。拿出一些时间来"静静待着"，以便让您的心灵在静默中"补充能量"。时不时从您的形象中抽身而出，然后您就能获得一种面目一新的感觉。

有时应该要懂得停手，什么也不做。冥想可以帮助我们理解精神是如何运转的。在开始练习冥想之前，人们根本就不了解在一秒钟的时间里，有多少纷乱的思绪在心灵中闪过。正是这些思绪，让我们的生活变得复杂。

冥想是一种心理食粮，它让我们得以焕发新生，并重新认识什么事才是最重要的。在沙滩上拔足狂奔，在树林中静坐，聆听音乐……这些活动形式都需要我们花费时间。我们可以在走、坐、站、卧时冥想，即保持不起旁心、不动杂念。

有必要让身体静静地保持某些姿势（瑜伽运动相当提倡这一点，比如莲花坐和完全放松、闭上双眼的静躺）。尽量放缓呼吸的节奏。静下心来。消除一切想法，因为这会让心灵陷入沉思之中。

佛教禅宗大师弟子丸泰仙[1]说过："应该像天空中的浮云那样，让思绪一一掠过。不要思考生活，而要成为生活本身。"这将促进我们的血液循环，增进我们的记忆力。我们要获得内在的平静，减少话语。专注于内在的声音、心跳、呼吸……一切关于身体的声音。

冥想，寻找心理活动和身体活动的零度状态。感受体内充盈的热量和重量。可以这样描述您的感受："我感到体内有热量袭来……"用一句话铭记每一种感受。然后，要想找到这个状态，只需要说出这一句话。

平静的早晨

> 不必再等待，就是解放自我。当我抛弃什么时，连我自己好像也随之被抛弃了。甚至连肉身的笨重也没有了，我感到一无所有，甚至连我自己也不属于我了，再也没有什么能占据我。全世界都变得通透了，我的精神

1　丸泰仙（でしまるたいせん，1914—1982），日本曹洞宗僧侣，于1970年创建了国际禅宗联合会。

世界变得畅通无阻。

——艾伦·沃茨[1]《佛教禅宗》

每个早晨，当空气仍然清新，还不受各种人为的震颤所干扰的时候，冥想吧。

我们越是专注于环境中的细节，就越能敏锐地感知一切。就像看待与您无关的外部世界的现象一样，审视您的情绪。这样您才能不受懊悔、急躁、焦虑和各种迷惘思绪的支配，您甚至可以忘记当下，您一定会喜欢这种感觉！当您可以做到无念无想时，您就达到了您的目标。事情会变得简单。这就好像您已与世长辞。所有的责任、义务都随之消逝。接受脑海中闪现的想法，但是不要把它们看得过重。如果您能思考“虚无缥缈”的事情，您将从中获得充分的休憩。夜晚，您或许是在休息，但是您也需要做梦。您的精神并没有得到完全的休息。

选择合适的时间和地点，在自家一个僻静的小角落里练习冥想；放一个大大的舒适的纯羊毛或者丝绸材质的坐垫，一张小案几（高度与双眼持平足矣），在上面放置蜡烛、鲜花和一炷香（僧侣们常常用香来给每次冥想计时，一次大约持续 20 分钟）。让香气和静默将您包围，有意识地感受坐垫的柔软，深呼吸两到三次，来排除负面消极的想法，然后保持 20 分钟的一动不动。然而，如果身体缺乏柔韧性，莲花坐是无法让您感到舒适的。我们不应该自欺欺人：我们如果强忍痛苦，是无法忘记身体的存在的。因此，在为真正的冥

1　艾伦·沃茨（Alan Watts，1915—1973），英国哲学家、作家、演说家，以向西方传播佛教、道教、印度教闻名。他于 1938 年移居美国，并在纽约开始禅修。

想做准备时，柔韧性的练习也是必不可少的。正确的姿势当然至为关键，是集中精神的最佳方法，但是由于这样一个短小的篇幅实在难以将许多需要长篇大论的道理解释清楚，在此我不做赘述。其他姿势（比如坐在沙发上或者平躺）绝对无法让您达到真正完美的“归无境界”。

沉默是金

莫言语，莫思量，一切自明。

——佛教格言

沉默让我们有机会对所有事情投以关注，观察那些在我们的精神世界里川流不息的“思维碎片”。不要总是行动不停：学习沉默需要我们为之敞开我们的精神世界，付出时间和耐心。不要把时间花在电视节目和报刊文章上，它们不会带给您什么收获，反而会偷走您的时间，侵蚀您的精神世界，打破您的沉默。它们像催眠药一样诱使您产生糊里糊涂的消极情绪，像口香糖一样黏住您的双眼。沉默可以帮助您在放空的状态中延展自我。它恰似一个接纳您的空间。让它成为您的向导吧。

炽热的精神之火

在我的头脑里，最宝贵的是一团炽热的精神之火，它将世界囊括其中。它包含着自我的本质。其中寄托着我生命的完美意义和我对实现精神高尚所抱持的笃定信念。它让我充满无限的生命力，让我永垂不朽。如果我任由它熄灭，渐渐地它就不再出现，那么我的意识和我的生命力，都将随着年龄的增长而衰退，在我过世后，我的本我也会消逝；我的精神将渐渐分崩离析。

如果我们任由我们对自己的爱、无节制的欲望和心血来潮像乌云一样积聚，这样的情形终将发生。但是，我的阳神将开始大放光芒，更甚从前，我将全身心浸润其中，直到我的全身心都充满这种物质。哪怕是在走路的途中，我都应当爱惜这件珍宝，用一种与之相配的方式去行动，感受它贴近我的意识表层。我应该留心我的思绪和情感，以免我的精神和情感能量被白白浪费。

——卡尔·荣格《金花的秘密》

一心一意

静坐冥想数小时，饥饿方食，身居陋室，何其丰足！

——吉田兼好《徒然草》

在脑海中想着一句话。当无念无想这一想法本身都消失无踪之后，我们冥想的目的就达到了。在冥想时，甚至连肉体感官都会消失，这意味着，这些感官失去了它们特有的能量。于是，这种能量就会被用于强化意识的清醒。在阅读、钻研、工作时，我们都应该留给自己一些独处的时光，围绕一个念头冥想沉思，专心致志。甚至连每日清晨将鲜花放置于花瓶中，也可以成为一种练习。一整天都会因此焕然一新！许多人被心血来潮的激情冲昏头脑，陷入其中无法自拔，其实它们不过是一种消极被动。人们试图忘记自我的存在。一个静坐冥想、审视自我的人反而更为入世。冥想是最高形态的积极，它让我们变得独立、自由。道家认为，物质的本质是精神，美与慧就在其中。它们就在我们面前。如果我们看不见，那是因为我们的感官有缺陷。

一个人想要获取这种直觉认知，可以通过休憩、心无挂碍和沉思实现。人可以从时间、空间、日常生活、欲望和成见中解脱出来，最终摆脱自我的束缚。

第八章 他人

精简您的通讯录

谨慎择友，宽以待人

> 唯至人乃能游于世而不僻，顺人而不失己。彼教不学，承意不彼。
>
> ——庄子

切断无价值的人际关系。删掉无法给您带来任何帮助的联系人。在爱情里，不要向另一半臣服。远离头脑不聪明的人：您永远无法确定他们到底在想些什么，也摸不准他们会做出什么反应。最好疏远他们，而不是去抨击他们。但是，不要把聪明和智商混为一谈。

聪明有许多种形式：心如明镜，通情达理……有很多人不具备这些品质。

不再以肤色，而以社会地位、财富、信仰、个人追求来区分每一个个体。没有包容力和同理心的人，会阻碍我们的进步。我们要循序渐进、坚定不移地减轻这样的人在我们生活中的分量。哪怕一分钟也不要浪费在我们不喜欢的人身上。

不要委屈自己去将就不舒适的环境，不要对别人的真诚有过多的要求。不必为了亲近某个人而推心置腹。让这个世界和它的种种规则留在街头巷尾，在这样的世界里生活，我们必须考虑他人的需求。在这样的时候，我们不得不带上各种各样的面具，将自己隐于其后。

如果我们能学会和自己的不完美、和他人的不完美和谐共处，那么我们将会幸福得多。

当您与人同行

学会拒绝

> 一个自由的人，就是一个可以拒绝别人的晚餐邀约，但不需要任何借口的人。
>
> ——儒勒·雷纳尔[1]

1 儒勒·雷纳尔（Pierre-Jules Renard，1864—1910），法国小说家、散文家，龚古尔学院成员，代表作有《自然的故事》。

在我们的文化中，委婉虚伪比直爽诚实更容易让人接受。如果您很难说“不”，那么您就应该把学会对别人说“不”当成您的目标，这是为了让您能对自己说“是”。无论如何，即便您拒绝去一个朋友间的聚会，向您发出邀请的人也不会因您没有接受他的邀约就跳崖轻生。如果您感觉自己出于情面不得不接受，那么试着壮起胆子做出这样的提议：“好的，我周五有空，但只到晚上八点。”简简单单的一句解释，尽量不涉及细节，是最好的拒绝方式。训练您自己这样说：“很抱歉，我现在没有时间，但只要时间允许，我会再打给您。”不要为了迁就他人而改变自己的计划，也不要担心他人对自己的看法和评价，您只会因此变得更自由。每当您为了他人放弃自己的梦想和价值观时，您就失去了一点自我和一点力量。您自身的真实性受损越严重，您就越感到无力。把无法带给您充实体验的一切事物都抛在身后，和您过去曾奉为圭臬，但现在已不符合您的要求的信仰、价值观和义务一刀两断。不要成为一味迎合他人预期的那种人，而要成为您自己想成为的人。要清晰并坚定地了解您自己在生活中想要什么，不想要什么。要独当一面。要有勇气笑着说“不”，而不必找借口。没有什么事，也没有什么人，有权占有我们，因为我们是唯一可以主宰自己的想法的人。如果我们无法让自己的思绪变得和谐、平衡，那么我们的生活将同样无法变得和谐、平衡。

给予更少……索取更多

给予，接受……把您和他人的关系简单化，让行为回归更自然的状态。不要在接受的时候感到手足无措。当您打心底知道自己不会辜负别人的慷慨，就爽快地接受别人的施予。

但是，您也不要给予太多。给予这种行为，大多数时候是为了取悦自我。即使您认为自己完全不求回报，但只要收到礼物的人没有向您致谢，或者做出的反应不如您的预期，您的内心总会有一丝意难平。

如果您不想伤和气，那么无论如何要避免和您的朋友产生金钱上的联系，不要诉苦。给出太多“免费”的建议也不太好，因为不牺牲任何代价就给出的东西是没有价值的。如果您给予别人太多帮助，他们就永远不会吸取教训。您唯一可以给予他们的有价值的东西，就是您的自制和自律的态度：冷静、参与、倾听和善意。让他们可以安心地信任您，让您的参与和坚持带给他们力量。您的这份冷静来自您的信念，您坚信您所需要的一切都可以凭借您自己的力量获得。我们常常给予过多。但大多数时候是为了获得爱和友谊，是因为我们害怕真实的自己无法被他人喜爱。

学会倾听

> 既然老天给我们两只耳朵用来听，一张嘴用来讲，那么我们就应该多听少言。
>
> ——中国谚语

喋喋不休的人就如一只空花瓶。在倾听时保持纹丝不动，姿势犹如雕塑，透着优雅和庄重，这曾是古希腊和古罗马时期教育内容的一部分。这种专注的姿态，让学会这种技巧的倾听者可以彰显自身的德行，给人留下沉稳安静的印象。

沉默，可以透露出懂得倾听的人的个性中所蕴含的深刻、奇妙、审慎的特质。

训练自己在人前时，惜字如金，举止严谨，绝不说废话。体会这种隐秘能量的益处，观察自己给旁人带来的影响。

注意自己的言辞

> 我们用来解释自身的语言极为重要。我们的身心围绕着语言体验开展活动，话语造成的伤害可以留下比身体创伤更为严重的后遗症。毫不夸张地说，我们就是通过语言来构建自我的。语言的意义不仅限于符号。它们还可以激发生理反应。有些话语可以伤人。
>
> ——迪帕克·乔普拉[1]《不老的身心》

有一条黄金守则：如果您没有什么良言要讲，就保持沉默，什么也别讲。您所需要确保的，就是您会得到别人公平、友善和尊重的对待。您自己也要按照这些原则去待人处世。

事情的重要性都是由人赋予的。谈论不幸之事，您会得到更多的痛苦。多谈谈滑稽有趣的事情，您能收获十倍的开怀笑声。

在开口讲话之前，调整一下自己的呼吸。人们会对您投以更多的关注和尊敬。让别人畅所欲言，先让别人将他们的感想抒发完毕。

1　迪帕克·乔普拉（Deepak Chopra，1946— ），印度裔美国作家，其著作常常结合当代科学、医学和东方传统，文字深入浅出、通俗易懂。

当您做了好事，不需要用言语张扬：这种感觉是奇妙的，因为比起冲淡自己的喜悦，您可以将它完完整整地保存在自己心中。

说得太多，会掏空您的能量，并让您的发言失去分量。如果说得太多，我们就会产生一种打扰他人的凝重感和负罪感。我们说话常常是为了满足自我，而不是为了让他人从自己讲述的经历中有所收获。我们谈论的话题里涉及自我的部分太多了。停止向他人倾诉您的不幸遭遇。这样的话题不仅会让您自己感到厌倦，也会让听者腻烦。再者，您说得越多，您就离他人和自我越远。

拒绝讨论形而上学和宗教方面的话题。这是不给您自己树敌的最好方式。您还应记住，想要探讨深刻的话题，自然会有合适的时机，其余时候，点到为止即可。学会挑选适当的时机。

不要批评他人

不要发表任何批评他人的言论，这样做反而会充分暴露您自身的问题：您是一个爱批评他人的人。当您对某个人评头论足，您就制造出了一个问题，请不要这样做，这会让您的自我贬值。评判他人是需要能量的，并会将您置于一个您本不应该处在的位置。特别是，批评会成为一种习惯。训练自己，无论您内心真正的感受是怎样的，无论针对哪个人，都不要发表不好的言论。很快，这种新习惯会成为您的第二天性。批评或许可以带来一点安慰，但是明明还有那么多种可以交流的话题。对那些不在场的人，要保持赤诚坦荡的风度。要捍卫他们，替他们说话。这样您才可以赢得在场的人的信任。当心：不要让自己变成两面三刀的人。对所有人都秉持相同的原则。

不要总是关注别人的缺点，多关心自身的不足吧。不要盯着别人的痛苦，把您的精力转移到更令您愉悦的事情上去，比如大自然的奥秘、真实的历史、在乡间小住一段时日——乡野的景致、宁静和安乐可以让您获得乐趣。您应该用这些事物去取代您的好奇心。

没有人可以代替别人生活。

不要说教他人

> 您行事如此大张旗鼓，以至于我根本听不见您到底说了什么。
>
> ——爱默生《柏拉图或哲学家》

对和他人保持良好关系来说，懂得自我克制是十分关键的。尽量避免卖弄自己的学识，不要以哲学家的姿态自居。虚怀若谷，是为了充实自身。我们口里说的，往往比我们心里想的更响亮。我们努力地想要展示我们赞同的理念。我们扮演着我们想要成为的样子。但很可惜，这些都是假的。

不要总是对别人灌输所谓的金句箴言，而要向他们展现您付出过的努力。不要教导别人该怎么吃饭，您自己照规矩吃饭就可以了。不要对自己做过的事夸夸其谈。

利他主义和孤独

照顾好自己，才能更好地去爱别人

> 比起自我厌弃，自我欣赏所带来的罪孽相对而言就没那么卑劣了。
>
> ——莎士比亚

许多人活在混沌迷惘的状态中；他们行事空洞，缺乏自信，感到自己不配被爱，放纵自己沉溺于酒精和烟草，埋头于繁杂的工作和无聊的电视……

如果您能好好照顾自己，您不仅可以带给别人更舒适的观感，您自己也会更幸福。不要亏待您自己。学会让您的双眼发现自己的价值。对待自己要有爱。这样您才会带着更多的爱去对待别人。发现自己的快乐之源，让快乐伴您前行。尽可能多笑。正视您自己的价值，这可以帮助您抵御很多压力。负罪感是一味让人备感煎熬的毒药。

宽恕他人是为自己好

宽恕并不意味着接受所发生的一切，而是拒绝让困境侵蚀我们的生活。宽恕他人，是为您自己好。只有当您不再受苦，您才能去宽恕他人。只要我们不给人可乘之机，就没有人能够伤害我们。只有当我们自行在脑海中对事实进行解读时，我们才会感到痛苦。倘若我们只是把自己置于旁观者的角度，我们就不会感到难受。我们可以从自己的各种解读中跳出来。

不要对他人抱有任何期待

您，只有您自己，才能对您的行为负责。您不需要因为他人的过错而让自己有负罪感。但是，也不要把自己的幸福寄托在他人身上。您自己是一个魅力四射、对全世界来说都举足轻重的人吗？或者反过来说，您希望人们对您感到不满吗？如果您独处时都无法自得其乐，那其他人很可能也不会喜欢与您做伴。人们往往会向他人索求自己无法创造的幸福。一个被欣赏、被仰慕的人，是一个无所欲求的人，他没有什么后悔的事，也不曾经历过失去。他不为人所动，亦不为事所动，并且懂得在自己身上发掘无穷无尽的资源。

不要试图去改变他人

无论是以什么方式，都不要试图去改变他人。这只会让您的生活更加复杂。这会损耗您的能量，让您感到虚弱无力……和沮丧失望。不要试图解释。只需要让别人来好奇您的平静和幸福的奥秘。唯一能对他人施加影响的方式，就是贯彻您自己的风格，让他们主动采取您的生活方式、您的态度和您的想法。所有人都会想要去模仿那些洋溢着幸福感的人。帮助他人，就是引领他们去思考。阿诺尔德·汤因比[1]说过，人类的未来取决于每个人能够在何种程度上做到退隐蛰居，探索内心的深度，并将其中最好的部分呈现出来，用它来帮助他人。

抑制“自己总是有道理”这种病态的想法。放弃扮演规划者和敲钟人的角色。只有在您觉得有必要的时候采取这些行动，在其他时候什么都别做。什么也别说。越是遵守这些准则，您收获的尊重就越多。

自觉高人一等，同样也是在作茧自缚。在他人那里受受气，有助于我们对自己有一个更深刻的认识。就让他人去享受那种占理的洋洋自得吧。如果您坚决想捍卫自己的地位，那只不过是在白费力气罢了。

保持自我

> 我不喜欢竞技；我唯一想要一较高下的对手，就是我自己。不存在什么优胜者，存在的只有差距。
>
> ——一位运动员的发言

只有首先做到超然物外，在它的基础之上，才能保持“完整”（正直）的自我。您不必渴望向他人看齐，也不必急着彰显自己的与众不同。一个没有太多牵绊的女人，才会感到自由自在。推动人性进一步发展的最佳方式，就是只身前行。

---

1 阿诺尔德·汤因比（Arnold Toynbee，1889—1975），英国著名历史学家、哲学家，代表作《历史研究》。

我们能为他人做的

我们能够为他人做的唯一一件事，就是通过我们自己的行为方式，去引导他们对简单、自然的事物产生喜爱之情，让他们更少地考虑自己，减少自己的欲念。如果一个社会里没有人想着积聚财富，那么小偷就不会存在。我们的精神生活越丰富，我们对自己的评价就越高，我们可以给予他人的事物就越多。

在物质上给予他人帮助，固然是好事；但是，帮助人们思考，更是善莫大焉。如果我们可以帮助他人摆脱欲望，哪怕只有一小会儿，我们也可以向他们证明，只要有决心、肯练习，他们仍然可以在今后的人生中做到这件事。这就是我们可以带给他们的最大帮助。通过把我们的行为方式展示给他们，无论在何种环境下向他们表现出生活的幸福感，我们就可以引导他们对简单、自然的事物产生喜爱之情；通过我们的态度向他们证明，只要别过多考虑自己，减少欲念，我们的幸福感将大为增强。诚然，即使全世界的房屋都被征用来建造一座宽敞的慈善收容所，这世间的苦难仍然可能永远不会停息。但是，只要所有富裕的国家真正意识到这颗星球的资源不是取之不尽、用之不竭的，并且只有他们在利用甚至滥用这些资源，那么他们就必然会做出更多的努力，来减少浪费和消耗。如果拥有得少一点，他们就会浪费得少一点，丢弃得少一点，在别人死于饥馑时吃得少一点，他们或许能达到一种内心良知和外在行为更为和谐的状态。

帮助贫穷之人？贫穷的其实是我们这个社会。贫穷地相信拥有就是幸福。贫穷地放任自己被广告洗脑。贫穷地甘于接受人类被卷入互相倾轧的恶性循环之中。贫穷地对更简单的生活感到无所适从。贫穷地对所有事物贴标签，哪怕是慷慨的善心。贫穷不能被简单地归结为缺钱，它还意味着缺乏某些人道的、精神的、智慧的品质。帮助他人，不是炫耀财富，而是简简单单地生活，尊重每一个人，不对他人评头论足。这样做，也是为了不招惹出他人的妒忌之心，不让他们感到辛酸或艳羡。

培养独自生活的艺术

> 陋室虽浅窄，但夜来有寝，闲暇有座。独身蛰居，已觉完满。世间凶险已尽知，只愿宿此避流俗。唯平静可令我安享。至乐之事，不过午时可小憩，闲赏四时景。此间之世不过是我等的意识。心中静若止水，胜过世间任何珍宝。我爱这方陋室。我为这花花世界里的汲汲营营者心怀憾恨。孤独，唯有独居者才能品味其妙不可言。
>
> ——鸭长明[1]《方丈记》

独自一人在英文中是alone，最初这个词的意思是all one，即为“完整的个体”。享受孤独的时刻吧。事实上，孤独不是一种选择。而是我们的初始状态。我们所有人的内心深处都是孤独的。对一个

1　鸭长明（かものちょろめい，1155—1216），日本平安末期至镰仓前期歌人、散文家、琵琶名手，生于神官之家，五十岁时因失意出家。他经历了动乱的年代，在随笔集《方丈记》中常流露出对世事变幻无常的感慨。

不习惯孤独的人来说，这是一种痛苦，但随着时间的推移，它会变成一种可贵的舒适感。真正可怕的，不是外在的形单影只，而是精神上的孤独感。如果我们感觉迷失彷徨、孤苦伶仃，又怎能与他人正常地交际？是孤独让我们重新获得能量。对真正的孤独者来说，孤独不过是表象。他们的精神世界里充满了各种事物和想法，无数个对话在这个秘密岩洞里进行着。

享受孤独。把它当成一种可喜的境遇，而不是一次煎熬的考验。这是上天馈赠给我们的一份礼物，让我们可以借此机会完善自我、处理正事或投入工作。孤独的时刻是用来播种的，在将来的某一刻，这些种子会在生活中未曾探索过的领域破土而出。

学会享受独处，而不是任由自己被孤独逼至无路可退。我们所有人，在一生中有极大可能要独自生活许多年。那么，为此做好准备，当然是件好事。独自生活是一门值得我们学习和培养的艺术。许多事，只有在静默和孤独中，才能实现！冥想，阅读，做梦，想象，创作，自我保养……

学会自己一个人把生活过得幸福、快乐：下厨，园艺，收获，让自己的身体、居室和思想都变得尽善尽美……时不时地去小旅馆住上一夜，带上一本小说去阳光正好的咖啡馆里坐坐，去小河或海边野餐。然后，您会更加珍惜与他人的相处，给他们展现一个前所未有的您。孤独让生活丰富多彩，更胜从前！

第九章 玉不琢，不成器

做好准备，迎接改变

相信自己

我们是由梦想织就而成的。

——莎士比亚

我们所拥有的资源之丰富，远远超出我们的想象。

对自己有信心，您将会发现一切（或者说几乎一切）皆有可能。如果您按照您自己的追求和梦想生活，那么您就能得偿所愿。如果您朝着一个明确的目标加倍努力，您就能获得意料之外的成就。请选择相信会有好事降临到您身上。

“功成名就”之人（养尊处优、家庭幸福），不会怀疑他们实现自我追求的能力。成功就是先在精神世界里埋下种子，然后让它在物质世界里生根发芽，这个顺序绝对不会颠倒。要想收获一片繁花似锦，首先就要在脑海中构想这一切。思想具有不可思议的力量。我们所有人都具有这种优势，因此您应该好好利用它。每个人都掌握着独立思考的能力。只要秉持开放的精神，对一切事物都不排斥，我们就能调动藏在潜意识中的所有智慧。

不要怀疑您的计划能否取得成功。要想找到新的道路，就要首先舍弃您原先的思路。努力做到不自我怀疑。您可以成为您想要成为的样子。怀疑是一种对能量的浪费，会阻碍计划的推进。

如果您总是对自己说，我不是一个有创造力的人，那么您就永远无法成为一个创意十足的人。是您自己（在孩童时期，是父母在扮演这个角色；对已婚者来说，这个角色有时是他/她的另一半）在阻碍您成为一个富有创造力的人。永远不要忘记，您充满激情、才华、聪颖、智慧、创造力和深度。如果您选择不去争取您的梦想，那么您担忧的事情终将成真。我们创造并目睹我们期待发生的事情。如果您一开始就怀着消极的偏见，那么您终将自食其果。是我们自己造就了我们面对的现实。恐惧促使我们墨守成规，让我们不懂得变通。如果我们认为这世上只存在一种行事的方式，这无异于给自己画地为牢。其他的方式一直都是存在的，您只需要去寻找它们。重要的不是在我们身上发生的事情，而是我们应对这些事情的方式。不要总是在脑海中想着您不愿看到的事。您应该发自内心地“知道”您将获得成功，而不仅仅是期望自己能成功。认真看待问题。命令您的潜意识寻找一个解决方案，要让自己有这样一种感觉：“一切事情都会得到最好的解决。”如果您必须付出努力才能让自己集中精力，一切都会付诸东流。感受到成功，可以带给我们真正的成功。对一切可能性都抱持最开放的态度。要有信念。您的话语是有力量的，可以让您一扫错误的思想和观念，将它们取而代之，在脑海中树立正确的观点。一切事情都有最好的安排，要坚信这样的想法，不要只让它停留在意识的表面，要确保脑海中只有愉快、真实、合理的事情。通过改变您的思维方式，您将改变您的命运。能创造出成果的，不是您为其抱持信念的事情，而是您的这种信念的虔诚程度。

想象您希望成为的那个人

一旦您的潜意识接受了一个想法，它就会开始将其付诸实践。比如，当您开始计划写一本书，致力于一项科研发现，或践行一种新的生活方式时，在脑海中不断完善您的想法，连最微小的细节也要设定好，然后努力让自己相信这就是现实。一个想法本身就是一种现实。您的潜意识已经分毫不差地接受了它的存在。

我们当中的每个人都有过这样的经历：获知一个意料之外的好消息，接到一通救您于水火之中的电话，在诸事不顺的时候得到一笔意外之财。我们都把这些经历归结为巧合，但是它们可能并非纯属偶然……我们本来就是我们自己曾有过的所有意念的结果。如果您曾带着强烈的意念想象过某种经历，您将开始产生各种不由自主的反应，这些反应刚好能符合您曾经的预想。

请您坐下来，放松身心，并试着什么都不要想。让自己置身于黑暗之中，忘记外部世界的存在。努力保持一动不动，让您的头脑冷静下来，这会让您的内心更容易接受暗示。想象一下您希望事情将如何发生，尽可能描绘出最精准、最细致的情景。抛弃一切形式的恐惧、担忧、毁灭性思维。新的想法将源源不断地涌现，您将在闲适、冷静、从容的状态中“觉醒”过来。

提炼自身的精华

> 我们每个人，在少年时期，就知道自己的人生传奇（即我们一直渴望去做的事）。在人生的这个阶段，一切都是光明的，一切皆有可能，我们无惧做梦，敢于去追求自己想做的事。
>
> ——保罗·科尔贺[1]《牧羊少年奇幻之旅》

一生中，我们不可能一丁点儿改变都没有经历。能接受想要改变这一想法，证明我们还没有僵化，我们仍然年轻。改变停止之际，就是我们的死亡到来之时。

在生命的每一秒钟，我们都在通过想法和行动创造现实。我们应当意识到错误的观点会让我们付出怎样的代价。精神上的进步意味着改变，也就是为了一件事放弃另一件事。放弃某些习惯，

---

1 保罗·科尔贺（Paulo Coelho，1947— ），巴西著名作家，1988年出版寓言小说《牧羊少年奇幻之旅》（又名《炼金术士》），被译成70种语言，畅销170个国家。他的作品富有诗意和哲理，内容涉及宗教、魔法、传说等方面，带有奇幻色彩。

放弃某些观点，放弃某些执着的追求……不要自伤身世，而要改正自我。要利用现有的环境去得到最好的结果，不要再继续谈论您的不幸与痛苦，而要努力做到直面问题。长期生活在或清晰或朦胧的担忧情绪中，会成为您的一种习惯，并最终发展为一种慢性疾病。我们甚至不会再想要去摆脱它，不会再去想象如果接受改变，我们的生活将变得多么不同。

改变的奥秘，在于相信我们内心深处永远存在一个本我。这个本我是有价值的，是独一无二的。如果以它作为我们的中心，所有与之相关的事物都可以不那么困难地迎来改变。

著名的奥地利心理学家维克托·弗兰克尔[1]曾经被关进过纳粹集中营，在被关押期间，他创立了一整套哲学体系，即“意义治疗学”。他告诉他的同僚，许多所谓的精神或心理上的疾病，实际上是对存在的空虚的隐约感知，是一种对生命的意义缺乏认知的症状。他深信我们每个人都应该发现自己的使命，一份独一无二、非卿不可的使命，无论是在艺术领域大展所长，在田间地头默默劳作，还是扮演父母、子女或配偶的角色。

过去的种种想法都应该被剔除，用新的想法取而代之。

成为您自己最好的朋友

生活在自己的光芒中，而不是舞台的照明灯下。我们所钦佩的女性，都发现了自己独有的处理问题的方式，改正了错误，成了自

1　维克托·弗兰克尔（Viktor Frankl，1905—1997），奥地利神经学家、精神病学家，犹太人大屠杀的幸存者。

己最好的朋友。您也应该成为您自己最好的朋友。您需要的是您自己。请像对待您的家人、您的客户和您的朋友那样对待您自己。

佛陀抛却了一切身外之物。我们注定总有一天要失去一切。那么，还会剩下什么呢？我们应该充实自我。但是，社会千方百计让我们失去自我、面目全非。我们不停地对自己说谎。我们既对生活缺乏信心，也对自身的潜力缺乏信心。如果我们不前进，如果我们任由惰性在内心扎根，如果我们让别人有权控制我们的生活，我们就会面临不进则退的风险。自爱让人幸福。接纳自我可以让我们从他人的看法中解放出来。尊重您的梦想，听从您的心愿。

每个人都有一颗钻石

我们每个人都多多少少像是钻石的原石。越是打磨自己，切割自己，我们就越棱角分明、光芒四射、引人注目。我们不断努力，想要臻于完美。这有助于我们活得更长寿。

食少而精，早早就寝，多做运动，永远不要停止学习，多与人接触，汲取新观点，每一天都要尽可能地让自己收获更多的快乐。

掌握简洁的穿衣之道，交往诚实、投契的朋友，坚持深度阅读，选择有品质的环境，尽您所能在各种场合中展现出通情达理的一面。

您的生活由您自己决定。规划您的旅行、您的时间，设计您的服装……调动您的能力、您的想象力和您的意识。让您自己欣喜于潜力无限的未来，而不是沉湎于过去。成为您自己的设计师。我们可以同时扮演两个角色。英国绅士，即便遇到麻烦，也总是不忘在纽扣眼里插上一朵鲜花。生活的幸福，取决于我们过滤和解读现实的方式。我们可以为自己创造一个美妙的世界，如果我们做不到，那是因为我们没有充分开发我们的想象力。

每一天，用一个小时兑现一个诺言

即便我们的承诺只有60%能够实现，这也值得我们庆祝。要想向我们的梦想靠拢，我们应该每一天都做出一点努力，哪怕只花五分钟的时间：打一通电话，写一封信，读几页某个作家的书……出于快乐，兑现一个诺言；出于义务，兑现另一个诺言。长期的承诺很难遵守（比如节食计划，不抱怨，锻炼身体……），“为期一天”的诺言就容易实现得多。您还可以试一试“一小时承诺”：用一个小时去做那些您最害怕或最讨厌的事情，锻炼身体，熨烫衣物，写官方信函……

不要担心别人对您的看法。哪怕这样的做法显得孩子气，但是它能产生效果。给自己一个机会，只为自己做事。在（不超过）一刻钟的时间里，全神贯注于一项计划。渐渐地，在不知不觉间，这件事会小有所成（比如学习一门外语，记住一段爵士舞步，给各种信件票据分类……）。

专心致志的一刻钟，远胜过心不在焉的一小时。

构想您的生活

要明确一个想法，最一目了然的方式，就是把它构想出来。如果您能在脑海中保留一幅图像长达17秒，它就能成为虚拟的现实。

想象一下您在一个月之后，一年之后，和谁在一起，穿着什么衣服，您的生活是什么样的，您希望怎样死去，您希望人们记住您的什么。想象现在您身体里的这个人，您喜欢她的什么，她能带给您什么。然后，想象您最欣赏的名人，或许您想要见到他们，或许您已经见过他们了。在您的想象里，组织一场研讨会，把他们召集到您身边，接受他们的建议和鼓励。让他们与您分享他们的秘密，回顾他们的往事。我们每个人身上都蕴藏着一个充满活力、能力和魅力的存在。到九十岁时，您会成为一个什么样的人呢？现在的您该做些什么，让自己成为那样的人呢？什么样的改变能让您的生活更加健康、开放、智慧、快乐？伟大的运动员总是想象他们的比赛场景。他们看到自己赢得了胜利，获得了成功，并享受其中。

分辨出哪些事情是取决于您的，哪些不是

有任何感到痛苦的念头时，要提醒自己，您完全不是您表现出的这副模样。如果这个念头和那些决定权在您的事情毫不相干，请告诉自己：这与我无关。

——爱比克泰德[1]

如果您得陇望蜀，总是想着那些您决定不了的事，您就会变得不幸。至于那些您有权决定的事，它们自然完全在您的掌控之中。

---

1 爱比克泰德（Epictète，55？—135），古罗马最著名的斯多葛学派哲学家之一，关注具体的生活伦理学，主张过一种遵从自然的自制生活，他的思想对后世的哲学与宗教都产生了深远的影响。

看看您经历的每个变故，思考一下您自己具备哪些能力，可以让您把它利用起来。

不要贸然做事，除非这件事是您有把握做到或得到的。

依赖他人的人，与乞丐无异。

和您决定不了的事情划清界限，它们对您来说毫无意义。

真正属于我们的唯一财富，是我们对思维的运用、对欲望的选择、我们判断事物的方式、我们的道德品质和我们对自身付出的努力。但是，我们仍然无法主宰自己的命运，我们的健康、财产、社会地位都可能与我们希望的方向背道而驰。

阅读和写作

尽可能多阅读

书籍，可以为我们的精神指引方向。

——爱默生《自信》

我们阅读的一切，都将渗入我们的意识当中。大多数文学作品，都建立在某一个体的观察的基础之上。我们可以用一个下午的光阴，收获他人需要穷尽一生的观察、辛劳、研究、苦难、经验……得出的劳动成果。

当您记笔记的时候，您可以回忆起书中的重要内容。从书中摘选出最触动您的地方，把它们誊抄一遍。这将成为您最生动的剪影。

句子和图像可以带给我们趣味，为我们注入勇气、生命力和希望。

在安静的环境中读书，不要放音乐，也不要喝咖啡、吃饼干。在读完一个章节或者几页之后，合上书，回想一下您刚刚读了什么。组织文字是为了传达思想。当您领悟了某个想法之后，文字表达就不再必不可少。不过，要想更好地认识自我，知识应该先于思想。我们每个人都是一幅独一无二的拼贴画：这幅拼贴画里有我们的父母、朋友、学业、经历、旅途和阅读。我们受到无数信息的影响，由于这些信息数量庞杂，我们无法把它们都记住，但是一条接一条的信息或多或少都改变了我们。

分享想法，并不一定意味着划定界限（肯定 / 否定）。一个富有学识与修养的人，可以同时感知到某个事物的单一性和多样性，并且不会觉得自相矛盾。比起理解，对精神来说更重要的，是保持清醒。

然而，文学作品很有可能削弱我们自身的体验能力，并且会过度地放任我们神游天外。人们之所以常常害怕改变观点，是因为他们所拥有的，仅仅是他们读过的作品。这些作品就像他们的所有物一样，让他们不忍心抛弃。

阅读太多，也会榨干您的能量。您不再阅读的书，就不要继续保留。只留下少数最重要的作家、作品、篇章。

与其埋头苦读，不如交替进行阅读和写作，在阅读的过程中记笔记，这样可以锻炼您精准明确地表达观点和想法的能力。这种做法可以把您的想法和观点牢牢地植根于您的内心，让您可以在生活中自如运用它们。

当我们听到、读到或者写出了什么东西时，这些东西就化为了我们的所属物。它们渗透进我们的思想中，帮助我们解读我们在生活中经历的事情。

阅读，写作，其实就是在关爱自我。最理想的状态，就是在阅读、写作和思考中找到一个平衡点，有点像花丛中逡巡盘桓的蜜蜂在挑选用来酿蜜的花朵。因此，请把您从各种各样的阅读中“采撷”到的事物存放起来。细致妥帖地运用它们，去打造一个专属于您的更加坚强、更加完整的自我，去整合那些丰富多彩的新发现。

用写作表达您的个性

> 不要陷入笼统的题材，就写日常生活带给您的感悟。描绘您的悲伤和愿望，您头脑中闪过的想法，您对某些形式的美的信念。要带着一种谦卑而肃穆的真诚去描绘这一切事物，当您在表达的时候，就用您身边随处可见的词汇、您梦中的图像和您记得住的事物。如果您的日常生活在您看来乏善可陈，不要怪罪于生活。怪罪于您自己。要承认是您自己缺乏足够的诗意，无法吸引丰富多彩的事物。因为对于造物主来说，这个世上既没有贫困，也没有穷人，更不存在无足轻重的地方。
>
> ——莱纳·玛利亚·里尔克[1]
>
> 《给青年诗人的信》

1　莱纳·玛利亚·里尔克（Rainer Maria Rilke，1875—1926），奥地利诗人，与叶芝、艾略特并称为欧洲现代最伟大的三位诗人。里尔克的作品深深地影响了海德格尔、萨特等存在主义大师，可以说是存在主义的一大诗性源头，代表作有《祈祷书》《新诗集》。

当您不知道要做什么时，就在一张纸上把您想到的一切都写下来。思绪迷失在惊慌失措和混乱无序之中。不过，文字本身就具有意义。写下您心中的渴望。仅仅是写下来这个动作本身，就可以激发一些神奇的事物。要养成习惯，了解自己到底想要的是什么。

要想摆脱思绪，我们首先就应该把它们清楚地表达出来，然后再把它们清除掉。写下来是一种非常有用的方式，它可以让我们学会自我认知和自我倾听。所有人都可以写。但是一旦您对某个想法有了坚定的信念，就把您写下的所有与之相关的东西销毁：只有它留给您的印象是您应该保留的。只留下那些记录着开心事的笔记，等到人生的灰暗时期，您就能看到种种财富、成就和欢乐的合集，它们就是您曾经历过的充实时光的实证……并且您在将来还会拥有更多的好时光。

写下来，就是与您的精神建立联系。这样做可以同时激发您的理解力、直觉和想象力。如果您自己都不清楚自己的情况如何，您又如何能找到继续前进的方向？

当您感到愤懑窝火时，写作吧。这是最好的方式，可以把您和您的问题隔离开来。就好像它们在别处，并不是真正属于您的。写作也是最佳的催眠方式。当您把心事寄托于笔端，让它随着笔墨挥洒一空时，您的内心会感到十分安宁。

内心的图像之于心灵，就如大自然的图像之于眼睛一样重要。对精神世界而言，诗歌、小说和电影都必不可少。您得有一个专属的本子，用来记录语录、诗歌、笑话、趣闻、故事、回忆……

发挥您的记忆力

> 我们把人类所表现出来的智慧称作思想，感官从复杂多样趋于统一，这一整合的过程就是思考的过程。然而，这个过程只不过是在回忆我们的灵魂在神游时看到的一切。
>
> ——让·拉辛[1]《费德尔》

回想一下我们脑中的记忆，依次拉开记忆的抽屉，背诵我们曾牢记于心的内容，回忆我们读过的格言警句。这些都是培养记忆力的最佳方式。

告诉您自己，列举事物的名字有助于记忆。再也没有什么，能比回忆更有利于积累经验和智慧。比如，优秀的运动员会为自己定一些句子，朗读并反复记忆，好让这些句子烙印在他们的脑海中。每一天，这些提示会指挥我们完成行动，我们的身体也会在不假思索的情况下自动接纳指令。

在知识上投资

> 禅宗代表着人们试图通过冥想努力达到的超出语言表达的思想领域。我们可以和“绝对”的事物和谐相处。聪明的人是一架机器。知识，就是那些被我们的精

1　让·拉辛（Jean Racine，1639—1699），法国剧作家，与高乃依和莫里哀齐名。其戏剧创作以悲剧为主，代表作有《安德洛玛刻》《费德尔》《阿达莉》。

神吸收领悟的东西。

——新渡户稻造[1]《武士道，日本人的精神》

学习是一种积极主动的对精神的应用，它会给身体带来积极的改变。学习，是自我们出生以来，就被传授给我们的各种解释的实体化的结果。新的知识、新的学习、新的能力可以帮助我们的身心发育成长。与其把您的钱财花在物质上，不如用来投资学习新知识。知识，是唯一一样别人永远无法从您这里夺走的东西。这笔投资稳赚不赔。但是，要当心：不要把您的知识当成您的所有物。有能力从以自我为中心这种思维里跳出来的人，不会大谈特谈他所知道的事情，而会谈论他们自己独到的见解。他们不会“死守”他们的知识。知识，就是那些被我们的精神吸收领悟的东西。

最好的学习方式，就是教授别人。这会迫使我们必须深入“掌握”话题，展现您的知识，改善您的表述方式。这样就让您不得不快速提升自身的“综合实力”，学会创造性和逻辑性的思维方式。

放松您的意识。接受非理性和难以理解的事情，用它们来提升和丰富您的人格。不幸的是，我们这些西方人，总是在智识、道德和宗教领域受到权威带来的阻力。

知识就是力量。但是，西方人只意识到那些用言语表达的东西。东方人则认为，在表达非理性的事物时，言语是无用的。

1　新渡户稻造（にとべいなぞろ，1862—1933），日本近代著名国际政治活动家、农学家、教育家，曾担任国际联盟副事务长，一手创立了东京女子大学。

锻炼和自律

为什么要锻炼？

改正自己的缺陷，与其说是在成长，在获取知识，不如说是在解放自我。

要努力修炼自我，来改正自身的缺陷，找到方法，去成为我们本应该成为、却从未成为的人。

任何锻炼，首先都需要合理的时间安排，在一天中的某一个时段，在一个星期中的某一天，在一年中的某一个月。我们不应该让生活中的每一个时刻都超负荷运转，被好几种运动填满，忙得团团转。

伦理道德要求我们勤于锻炼，按部就班，踏实肯干。但是，这并不是我们的义务，而是一种对生活方式的个人选择。

真正的哲学，在于自律。我们应当直面的，是自我。

最为关键的是，我们要喜欢这些锻炼，把它们当作一种渴求，一种丰富自我的源泉，一种必需品。为充饥而食，为止渴而饮，为躲避风吹雨打、为逃离咄咄逼人的外部世界择室而居，所有人都应该学会从这样的满足中感受美好。

因此，在开始进行一项运动之前，要确保这项运动不会适得其反，让您产生痛苦；在您完全学会它之后，它会让您越来越快乐，越来越满足。

首先，要了解我们到底能做什么。然后，坚持一天、两天或一个星期。据说，最理想的期限是 28 天，因为在这个时间段之后，我们的身体和心灵都可以养成一种习惯。

如何协调自律和放松、动和静，是一项非常艰难但可以振奋身心的练习，这种练习要求我们无时无刻不保持凝神专注。不做这样的练习就取得任何改变，是不可能实现的。

好好锻炼的秘诀

任何锻炼要想取得成效，秘诀都在于适度。必须提防运动过度（翻了一倍的运动量！）、生病或陷入某些极端的情形。只有当一项运动被认为是积极、愉悦、有效果的时候，它才真正具有价值。也只有这样，它才是有必要的，才能让人持之以恒地做下去。身体不应该侵扰心灵，而应该保持自由舒畅，好让心灵可以进行脑力活动、阅读、写作……这就是锻炼的目的所在。

几种锻炼

晨练

> 每天早晨，当你难以醒来时，不如在你的脑海里这样想一想：醒来，是我生而为人的使命。那些热爱本职工作的人，全身心地沉迷其中，忘记了沐浴，也忘记了进食。你，对自己的本性的评价，难道还比不上工艺品之于工匠，舞蹈之于舞者吗？
>
> ——马可·奥勒留[1]《沉思录》

---

1 马可·奥勒留（Marcus Aurelius，121—180），罗马帝国五贤帝时代最后一个皇帝。他不仅是颇具智慧的君主，也是很有成就的思想家，代表作《沉思录》。

从早晨开始，制订您一整天的计划。要记住您给您所有的行动定下的总目标。告诉自己，您将达到自身的完美境界。新的一天，就是您生命中的一个新的阶段。正是这种个人的思考，形成了您的人生美学。但是要小心，千万不要陷入自恋的情绪之中。

日间的锻炼

锻炼身体的耐力。为了让您变得活跃积极，您必须要让身体也一起努力：增强您的勇气，让身体能够在承受痛苦时不崩溃、不抱怨，努力抵御寒冷、睡意和饥饿。

为了拥有强健的体魄，只给身体提供必需品。时不时苛待自己，好让自己在深陷困境的时候，也能经受得住生活的打击。

锻炼自己的节制力和耐心。抵制可能遇到的诱惑，在收到礼物和信件后，等一会儿再拆开……

夜间的锻炼

准备就寝之前，回顾一下您白天做过的事情，然后以此净化您的思绪：拒绝反复思量您的问题——哪怕只有一个晚上，这样您才能睡得安心。

总结一下已经完成的事情：事情本身是怎样的，它本来可以怎样发展，或者为什么它没能发展成那样，以及您可以从中得出什么结论。

然后完成一个净化仪式：闻一下香水、花香或燃香……听一点音乐，泡一个澡，请求夜晚带给您休息和好梦，准备进入香甜的睡眠之中。

贫穷、朴素和超然物外

我还记得那天，在撒哈拉沙漠，有一个贝都因人，用一只极小巧的杯子，请我喝了一杯甜茶。他依礼备茶，捡拾三两根小树枝，生火，置一只用旧的罐头盒于其上，盛水煮至沸腾。他只有一只茶杯，于是，他先给我倒茶。然后，等我喝完了，他再给自己煮茶喝。

——一位旅行者的回忆录

无论在西方还是在东方，对许多神秘主义者和思想家而言，贫穷，就是一种美德。依照禅宗的说法，"贫穷"一词，不仅仅意味着金钱上的短缺。它还意味着精神上的谦卑和对世俗物欲的放弃。

英国思想家、作家卡莱尔曾经对贫穷和虚无主义哲学做过对比研究。他的结论是，我们应该放弃任何二元性。他延续了十三世纪道明会教士埃克哈特大师的主张，后者终其一生四处布道，主张什么也不要占有：向虚无主义敞开怀抱，才是人生哲学的正道，是一种理性的、非现实主义但符合宗教的做法。他在布道中提及的贫穷，并非指外界或物质，而是指内心。

我们当中的许多人，并不缺少金钱；不过，他们却活得像穷人。他们失去了欣赏生活中的事物的热情，甚至再也记不起年轻时的欢畅。

无欲无求，意味着不再被自我（请不要和自尊混淆）束缚。埃克哈特大师和一些佛教大师的理念相同，他们认为，人类一切苦难的因，就在于贪婪、占有欲和自我。这些大师们都有一个共同的理念：超然物外。

我们的目标不是拥有，而是存在。当然，什么也不拥有是不可能的，因为这样势必会回到依赖他人的状态。正如德国哲学家、精神分析学家埃里希·弗罗姆给出的解释，端详一朵花，就是以“存在”的方式生活。将它摘下，就是以“拥有”的方式生活。

卡尔·荣格认为，一个西方人，是无法理解佛教思想的，因为西方社会以财产和欲望为中心。在这个层面上，埃克哈特和禅宗或松尾芭蕉的诗歌一样，难以让人理解。在日本人的“清贫”理念（“清”意为“洁净”，“贫”指“美丽”）中，比起物质的财富，他们更看重心灵的纯净。因此，几个世纪以前，商贾之流在日本深受鄙视。

贫穷

不计任何代价都要获取的，是生活所需：经济上的安全感，可以让人保持独立和尊严。

我们也可以理解，一无所有比起失去所拥有的一切，更能让人接受。通过做到超然物外，我们在心理上和精神上，也能做到心无挂碍。这是有可能的：我们最容易拒绝的人……是自己。

于是，我们就能体会到自我限制的滋味，去体验节俭度日的生活。

这种自我选择的贫穷，在简单品味的帮助下，可以在之后转变为一种财富。得益于这种生活方式，我们将渐渐学会评估物品的实用性，而不是那些华而不实的用处。

进食，仅仅是为了抑制饥饿，克制自己，是为了抑制愤怒……要寻求平和，这些都是必不可少的。要在某种程度上脱离自我。这样，我们才能超脱于所有的事物。

矛盾之处在于，正是那些放弃了自我的人，得以保留自我的想法。因为他放弃了所有并不是他切切实实想要获得的东西。贫穷的人，不是拥有极少的人，而是欲望太多的人。安贫乐道的人，才是富足的。

朴素是一种自愿的贫穷，对财富的衡量，应该以什么是必要的、什么是充分的为尺度。

此外，享乐主义，其实源于苦行禁欲的思想：如果拥有者事先没有预备好失去这一切，那么任何财富都于他无益。

想象一下您只有一间公寓、一张床、一张桌子、一台电脑、一个收拾得干净整洁的小厨房和数件衣物。没有首饰，没有书籍，也没有什么小摆设……那么，您究竟是身陷地狱还是身处天堂呢？

锻炼自己适应贫穷。把禁欲当作一种定期的练习，时不时让自己回归禁欲的生活，它会为您的生活赋予一种新形式，也能让我们学会充分地超脱于身边的物品。要时不时地剥夺自己的奢侈享受，以便某一天当命运夺走了我们的一切时，我们也不会把这当作灭顶之灾。为了过上简单而幸福的生活，我们应该这样锻炼自己。

同样，您还要学会应对贫穷，不要畏惧它：如果平常您只习惯喝极优质的阿拉比卡咖啡，不妨试试喝一周的冻干咖啡。

盲目放弃和俗世生活都是愚蠢的；此外，这样做也不现实。但是我们可以去努力寻找一个平衡点：在想要飞快地抓住一切机会与选择袖手旁观之间，找到一种幸福的平衡。只需要专注于真正重要的事物。无论是添置物品、职业发展还是家庭决策，常常问问自己，您做的这一切是否值得，放弃，又能带给您自己什么好处。

极简主义、道德伦理和宗教

沙漠是游牧民族生活的地方，他们只拥有他们需要的物品。他们需要的，就是生活中的必需品，而不是财产。

要小心宗教和道德，尤其是在它们只剩下死气沉沉和徒有其表的今天。不需要通过归附于某个群体，来让自己生活在悲悯和谦卑的氛围里。也不需要去过目不识丁的牧羊人的生活，或者放弃一切知识来让自己回归简单和极简主义。恰恰相反，我们要扩大对世界的认识，和这个浩瀚的世界进行交流，这样我们才能达到目的。

通向谦卑、诚实、悲悯的道路，从我们的生活方式开始。为什么总是要力争最好、最富有、最聪明？为什么不断地想用学识、权势和财富去碾压别人？只有简单生活，拥有极少，我们才能消除不公、被乌合之众裹挟的因循守旧、糟糕品味、偏见，以及惯例。

理性的禁欲生活，比不公平的优渥生活更舒适。在古代日本，有这样一种艺术：它是由优雅的隐士们创造出来的，他们安居陋室，进食极少，拥有极少，几乎不与世俗社会产生往来。

堆积出来的物品，不过是死物。不应该把它们看得比我们的生活、时间和能量还要重要。

简单生活，不仅是把粗茶淡饭吃得津津有味，还是追求更高水平的思想境界和生活方式。

这意味着欣赏一切，从最微不足道、最平淡无奇的事物中寻找乐趣。去享受呈现在您面前的一切事物。

如果您有了三辆汽车，还感到不满足，那么您很可能本来就是一个铺张浪费的人，您对享受到的便利缺乏感恩之心。许多免费的乐趣是所有人都可以获得的，但是我们却不懂得如何去享受：有成千上万册藏书的图书馆，可以在其间野餐的树林，可以在其间畅游的湖泊，有科教性质的电台节目……浪费，就是拥有东西，却不懂得利用。正因为我们拥有得太多，我们平白错过了许多机会。

简单，就是一种平衡，就是懂得如何把握欣赏物质世界的尺度，高效地享受幸福，有智慧地利用金钱、时间和所有物。

好好生活并不意味着活得“捉襟见肘”，不断节衣缩食。要想好好过日子，就采取一种积极的态度去面对贫穷，不要把物质当作幸福的指标。我们自身拥有着许多尚未发现的财富。

知足之足

故知足之足，常足矣。

——老子

朴素，是一种智慧、简单而又不失优雅的生活方式。用一个神奇的字就可以概括它：“足”。

对什么是“足”，有一个专属于您的定义，您就是幸福的。足够生活，足够吃，足够高兴……

如果您奢望满足所有的需求，那么您永远也不会知足。

最重要的，是在平静淡然和紧张忙碌之间，选择一个折中。

只有当您超脱于物质之外，您才能摆脱某些人和他们死板僵化的原则。您将会对外物极为适应，对一切事物都可以欣然接受。只有抛弃所有事物，打心底里放下，我们才不会有所牵挂。一举一动都变得顺势而为、合情合理。最理想的状态，就是心无挂碍，不依赖任何人，带着对尽善尽美的追求谦卑地前行。

我们终将失去的东西，不如我们可以争取到的东西重要。朝着本质、美和完美的境界努力，我们一定能达到目标。

放弃

超然物外是放弃的结果，放弃也是达到超然物外必备的首要条件。

我们的首要关切，永远都应该是对自我的精神世界更深入的认知，但是我们肆无忌惮地挥霍我们宝贵的时间、生命和能量，去积攒物质财富，为了寻找一时之乐流连于美食、好酒和强烈的情感中。我们不停地索取更多，想要拥有更多的时间，忘记了我们每个人心中存在的力量和知识。

放弃，是最难做到的。

为了学会放弃，或者说选择放弃，必须要给自己确立合理的目标。如果想要走得更长远，就要安静、低调地开始，不要耗尽您自身的积累。要学会充分利用失败，以期取得改进。要做到超然物外，绝非数日之功，也绝非放弃所有财产。真正的放弃，在我们的内心。人的意识需要时间来吸收、准备。许多东西是无法一下子就被接收的，因为长久以来，我们的意识中不存在这些事物。

“我……我的……我的一些……”，这些字眼限制了我们，让我们沦为了奴隶，因为其中包含了财富、金钱、权力、名声带给我们的所有丰富多彩的事物，它们就等同于“得到”“抓住”“想要”“积攒”。诚然，这些都是人类的习性，但生而为人，还意味着追求幸福。幸福在别处。

一旦您训练您的大脑和神经坚信这种独立自主、超然物外的观念，您就可以获得您在人生中想要获得的一切。您看待这个世界的眼光也会乐观得多。

一切秘诀，都在于“训练您自己”。

重要的是，在人生的前半段，去品味一切乐趣，去拥有想要拥有的，去体验。这样，我们就可以理解放弃是一种快乐，平静取决于一切日常乐趣之外的事物。

节约精力

重新发现这种与生俱来的冲动：您的能量

> 灵魂，这团明亮的青色光芒，以不可思议的速度迅疾掠过，就像一道闪电……瑜伽可以让我们的灵魂脱离我们的身体，来去自如。
>
> ——特奥菲尔·戈蒂埃[1]《木乃伊传奇》

1　特奥菲尔·戈蒂埃（Théophile Gautier，1811—1873），法国唯美主义诗人、散文家和小说家。早年习画，后转而为文，以创作实践自己“为艺术而艺术”的主张，1835年发表小说《莫班小姐》，此篇小说的序言被公认为唯美主义的宣言。

想象能量像流水一样，在您的身体里循环流动。那些阻塞淤滞的，就是多余的物质。正是它们在侵扰您的物质世界和精神世界。疏通并不意味着剥夺、否定和让人陷入贫困。正相反，它意味着更多的空间、更清晰、更轻盈。能量通过想法被获取或被消耗。因此，要放弃一切的价值判断。不要过于看重生活中那些鸡毛蒜皮的小事，也不要过于看重那些轰动一时的大事。充满矛盾的生活，是在浪费力气，催生痛苦。疏通不仅意味着腾出空间或节约时间，还意味着减少情感上、身体上、精神上停滞不前的状态，这种状态让我们感到卑微，误导我们，阻止我们行动。我们很可能错过最重要的事物，如果分心太多，我们是无法抓住重点的。如果说每个人都拥有能量，为何不是所有人都能感觉到它的存在呢？事实就是，我们所有人都享有一种人类特有的能量，但是由于活力已经成为我们日常生活中如此重要的一部分，我们甚至都没有注意到它的存在。空气带电，机器也可以发电，线路管道可以传输电。人也是如此，因为另一种“电”得以生存，这就是他身上的能量——“气”。正是这种能量让我们活动、思考和生活。包括事、人、艺术、服装、食物在内的一切事物，都在影响着我们拥有的能量的多少。生活就是一系列感觉，是一种传统，是一条由过去的想法串联而成的链条——这些都是精神世界里真实存在的能量，就和电在物理世界中一样真实。每个人都是根据个体存在的构成来生活的。人是各种不同的表现和活动的投射。我们当中的每一个人，都由构成自身的物质特性所驱动。让这种物质运转起来的，就是我们的精神。现代的物质与分子科学，只不过是在重申东方一直以来教导人们的：一切皆幻影。在中国，道教徒一直致力于通过这些震颤，获取更多的身体和精神上的能量。要明白，我们的身体随着思想起伏波动，只要我们想，我们就能改变。这是一个关于如何集中我们的精神力量的问题。

人体就是一个气场

“气”的概念来自中国，由研习黄帝和老子的道家发现，后来成了他们的不传之秘。我们和宇宙的关系，吸引了各个领域的研究者的注意：医学、宗教、心理学、哲学、物理学……目前，现代物理学承认了宇宙中的一切只不过是一种被驱动的能量，这种能量在某些特殊的时刻被偶然地重新构建，然后被具象化为物质的外形。

在这个意义层面上，物质只不过是一个媒介，通过它，我们可以观察到能量的分布和密度。我们地球上的一切，从电话、海浪到神经系统，都构成了被我们称为生命的总能量。各种形式的替代医学（比如针灸、顺势疗法、美国的生物反馈疗法、按摩疗法），让人们得以接触到超越人体极限的能量场（电、磁、精神、心理……）。

我们就是一大团被扰乱的能量的总和。因此，东方人一直认为我们应该恢复人与生俱来的冲动。

我们同自我斗争，逃避自我，对自我让步。换言之，我们就像爬行动物一样，释放或收缩自己的能量。当日常生活中的不顺心、愤怒和沮丧夺去了我们的能量时，最关键的是要从这些事情中恢复过来，理解我们的思想和情绪的重要性。如果能做到这些，几乎任何疾病都能不治而愈，这也可以解释某些奇迹的存在。但是，这也要求我们必须学会活在当下。信念、自由、快乐，才是最重要的。

控制您的能量

> 不要把人当作一具肉体，而要把他当作一条流淌着生命力的河。
>
> ——三島由纪夫[1]

选择那些能带给您满足感、阅历和自由的事物。我们自然会知道哪些活动、事情、主意、思想可以让我们获得这些。当您明确地了解自己想要什么及为什么，您就会懂得去倾听那个能指引您的小小声音。这能解释为什么思考、梦想我们渴望的事物对我们有好处。我们可以不知疲倦，滔滔不绝，一连几小时地谈论我们热爱的事物。这些话题让我们陶醉，给我们启发，让我们更能感受到自我，给我们带来一种我们称之为快乐和热情的能量。在神秘学中，不存在盲目的信念，只有知识。我们有与生俱来的精神力和身体，它们可以自我发展，培养我们的各种能力。

只有精神能够理解现实。它的力量是无限的。当我们集中力量时，精神可以控制并超越物质。因此，要想获取更多能量，我们的身体就必须保持完美的状态，因为它对精神有辅助作用。

保护您的能量池

疲惫不堪的精神和健康状况不佳的身体，总有着密不可分的关

1　三島由纪夫（みしまゆきお，1925—1970），日本当代小说家、剧作家、记者、电影制作人和电影演员，是著作被翻译成外语版本最多的日本当代作家，主要作品有《金阁寺》《鹿鸣馆》《丰饶之海》。

系。当您不遵守朴素的原则时，当您无法让身体保持放松和灵活时，当您不过简单的生活时，当您既不尊重他人也不尊重自然时，您就无法拥有健康的体魄。您将无法控制自己的焦虑不安，您将无法幸福地生活。如果想法无法蜕变成信念，那么一切都是枉然。信念是通过经验得来的。根据印度医学理论“阿育吠陀”，精神对身体有着强烈的影响，能否做到不患疾病，取决于我们对精神的认知程度和我们努力想要获得的平衡。

气和热情

忘掉那些负面消极的事情，才能把您的能量运用在您真正想要成为的人和想要拥有的物上。约2600年前，老子就认为，我们的身体是由微小的粒子组成的，每个微粒之间都通过能量凝结在一起。他认为精神是作用于身体、让身体保持生命力的秘密因素。因此，老子建议养气，并增添自身的能量。他还说，不要培养对悲伤事物的偏好，哪怕这些事物颇有美感。古代中国既没有哀伤或激烈的音乐，也没有唤起情绪的和声：音乐是用来抚慰人心、提升精神境界的。

热情，就是激励我们采取行动的感觉。这是一种非常强大的能量，我们应该尽可能地培养我们的热情。但是，当我们的身体饱受病痛折磨时，我们又如何能够拥有热情呢？健康的人，就是快乐的人，就是热爱生活和自得其乐的人。能够这样生活的秘诀之一，就是尽可能地牢记生活中最美好的时刻，那些把我们带入了另一个新天地的时刻。难道您就从来没有感到过莫名的悲伤，接到朋友的电话，相约出门散心的经历吗？您可以做到立即忘记忧伤，从那一刻起，您的生活就有了全新的开始。

因此，在挑选朋友、音乐和书籍时要用心……在当今社会，我们变得太过被动，只接受广播、电视、媒体和潮流灌输给我们的东西。

只有一件事是真实可靠的：好好生活。但是，好好生活的前提，是“活着”并热爱生活。

日常生活中的气

要想完成身体的净化，身体的改造是必不可少的，这有助于保护其根本。要做到这一点，我们必须保持血管的清洁。不干净的血液，是大部分疾病的源头。食物也是如此，它们拥有独有的振动频率。“没有生命力”的食物会带来死亡。过多的食物会让能量淤积。多活动，多散步，给自己做按摩，冥想，深呼吸……不要忽视失眠症。安眠药治标不治本，如果不想对神经系统造成无可挽回的破坏，就必须知道自己为什么睡不着。没有睡意，或者缺乏几小时的深度睡眠，我们就无法舒舒服服地生活。失眠通常是由于气郁滞不畅，无法在体内自由循环，它们淤积在某些部位，形成了结节；于是，某些身体部位滞留了太多的气，尤其是脑部，过于“活跃”，无法得到休息。这就是为什么我们要练习瑜伽，要散步，这有利于气的循环畅通，使它在全身分布得更加均匀。

对气而言，水也同样重要。比如，在一场暴风雨来临之前，空气中含有的正离子会成倍增长，这时我们会感到疲乏和压抑。但是，一旦暴风雨倾盆而下，我们的感觉就会立刻好转。在流动的水域（海边、水流汹涌的河边、激流、瀑布……）之畔，有大量的负离子，它们对补气有着非常显著的功效。此外，中国人还相信，水是神圣的，传递着生命的能量。

结语

旅行，生活

> 只要人们还会去偏远的、与世隔绝的小山村旅行，在当地的小旅馆过夜，只要人们还会觉得搭乘交通工具是令人愉快的，只要人们还会对一年四季都在街头卖东西的小贩感兴趣，人们就能够从小事中找到慰藉。
>
> ——亚历山大·大卫-内尔[1]《慧灯》

心灵长久困于室内，会导致精神不振，生活痛苦，最终分崩离析。让阳光和积极的想法照亮您精神中最阴暗的角落。在积极的一天，试着重新解读您的过去，不要追问您自己活着的原因。因为，这是一个没有答案的问题。不如问问自己，生活中还有什么事情在等着您。换换您周围的风景、人和天气。出门醒醒脑，让精神面貌焕然一新；旅行，可以平复心情，让人如释重负，重获新生。

1　亚历山大·大卫-内尔（Alexandra David-Néel，1868—1969），法国著名女探险家、记者、作家、藏学家、歌剧演员，作为第一位进入拉萨（1924年）的欧洲女性而闻名。

如果我们就像缩在岩石里的牡蛎一样，待在家里，闭门不出，在一成不变的日子和焦虑里生活，我们又怎能自由？出门，是为了感受快乐。不要带着一堆廉价的纪念品和沙文主义[1]式的偏见回来。一支铅笔和一个记事本足矣。有些人害怕变幻不定的生活。有些人讨厌固定不变、毫无惊喜可言的环境。还有些人觉得明天和今天没什么两样。然而，一条路之所以显得有吸引力，正是因为我们不知道它通向何处。向着一个未知的目的地出发，没有任何约束，也没有义务，只随身携带极少的行李，天地万物尽在我眼中——这是何等的快乐！只是简单地在那里，就让人感到满足，没有什么事，也没有什么人来打扰，完全被迷人的风景和新鲜的面孔感染……这些新的领域，将在我们的灵魂中留下不可磨灭的印记。

笑口常开，幸福美满

笑，是必不可少的。它让我们得以放空和清洗自我。印度的某些医院，把笑当作一种给病人治病的手段。笑可以消除皱纹，帮助各种情绪浮现在脸上。从来不笑的人，是病态的。

让自己专注于当下，光是当下本身，就足够丰富多彩。告诉自己，一切都会改变，即使是烦恼和不幸。没有什么，是一成不变的。

把让您感到开心的事情列成一张清单。每一天努力做到至少一项。比如园艺、下厨、闲逛、一边喝茶一边吃几片小面包。做一些

---

1 沙文主义（Chauvinism）在十八世纪末、十九世纪初诞生于法国，因法国士兵尼古拉·沙文对拿破仑以军事力量征服其他民族的政策盲目狂热崇拜而得名。沙文主义者一般对自己所在的国家、团体、民族有优越感，看不起其他国家、团体或民族，是一种有偏见的情绪。

东西，让您在完成之后还可以欣赏它们（一炉饼干、一座花园、一个收拾得井井有条的壁橱……）

生活的幸福，取决于生活中的点点滴滴，要永不言弃，努力成为自由、谦逊、和蔼可亲、善于交际的人。幸福，是每时每刻都在进行的身心锻炼，是一场永不停歇的战斗。要懂得保护自己免受任何伤害，把生活变成您的庇护所。只要懂得了这一点，无论将来在何处，您都可以好好生活。

总的来说，我们的目标，不是追寻转瞬即逝的财富，而是发现灵魂和精神中的幸福和终极财富，追求自由，创造属于自己的生活美学。

一切都可以让您变得幸福。在每一个幸福的时刻，我们都在完善自我，帮助自我，做真实的自我。日常生活中许多微小的行为，都可以成为幸福感的源泉：写一封信，组织朋友们聚餐，整理橱柜……

对未来心怀梦想，就表示您还相信自己。只要我们还活着，我们就还有选择。那些自认贫穷或不幸的人，不会培养自己的想象力，让许多本可以变得美丽而深刻的事物在脑中过早地夭折。

寻求内心的平静

> 相信自己很幸福的人，就是幸福的。我所拥有的一切，都在我自己身上。
>
> ——斯提尔波[1]

1 斯提尔波（Stilpo，前360—前280），古希腊哲学家，苏格拉底的门徒，麦加拉学派的第三任领袖。在他的领导下，该学派成为古希腊最受欢迎的哲学学派。

只有在灵魂深处，人才能找到安宁和隐避，尤其是当他的内心深处存在着某些观念时：只要他一想到这些观念，他就能立刻获得平静祥和、井然有序的内心。

做最坏的打算，微笑面对生活

顺从而不失优雅地接受不可避免的事情，告诉自己，这会在某些地方对自己有帮助。避开那些您可以避免的事情，坚定而有耐心地面对不可避免的其他事情。

在头脑中做好最坏的打算，可以帮助我们消除疑心、不切实际的希望和担心。当我们觉得一切都可以失去的时候，就意味着我们赢得了某些东西。不接受生活的本来面目，阻碍着我们的进步。在一日之内，我们既是门徒，又是导师。智慧，就是明白在特定的时刻应当做什么。当我们停止对抗不可避免的事情时，我们就能生活得更加充实。

坦然接受不幸的到来，不要试图去拒绝接受，无论您身在何处，都要去发现美好和慰藉。早早起床，做一点运动，就像我们今天还能看到老北京人在公园里练气功那样。要顺从天性，顺应时节地生活。

马可·奥勒留曾在《沉思录》中建议，追忆形形色色的、在这样或那样的事情上有恩于您的人和在某种程度上曾是您的生活榜样的人；这些人曾带给您不少元素，这些元素构成了您今天的行为和行事准则："对一个值得这一切的人来说，在他面对的多姿多彩的生活中做一个选择，是不可能的。恰恰相反，要告诉他，他没有选择，在对这个世界居高临下的俯视中，他应当彻底明白，他在天空中看到的一切光辉、星宿和流星……都和我们身心的无数祸患、战争、掠夺、死亡和痛苦有着密不可分的联系。届时，他会达到至高的境界，明白自己应当为什么事心生欢喜。”

生与死

最关键的不是活着，而是好好活着。

——柏拉图《克力同篇》

活下去的唯一方式，就是享受生活。要知道我们终将像蜡烛一样燃尽，这驱使我们好好把握生活，合理安排，好让自己活得理性而真实，始终明白自己的极限在何处。这可以让我们的精神享受平静，接受最坏的结果。能量也得以释放。既然我们在这尘世的时日有限，那么我们理应在现有的环境中尽量生活得幸福。

迈出您的第一步，而后，一步一个脚印，但切忌好高骛远，也不要总是回头。归根结底，生活不是只有吃、睡和消磨时间。我们每个人都应该追寻的，是活出自我。我们总是围绕生命的意义提出无数个疑问，后来我们才意识到，这个答案是无以言表的，但当我们在某些时刻忘记了问题本身时，它便不言自明！我们的目标和我们的雄心壮志，不过是一些替代品，是对“活着”这种感觉的升华。在我们精神发展的每个阶段，我们的最佳盟友都是我们的身体。一个人的生命越有灵性，他就越是活在当下，越是身心合一。对未知的事物有预感，感到宇宙中充满了神秘和无法解释的现象，就是关于生命意义的问题的答案。为了生活，我们应该接受某种狂热的存在，不要去追问因果，而是承认神秘的存在。亨利·米勒[1]曾说过，做过一场美梦的人，绝不会抱怨浪费了时间。他反而会十分高兴，因为他拥有了这样一次经历：在梦里，现实得到了提升和美化。

十九世纪起，西方人就开始把精神和理智混为一谈。他们不再对精神和灵魂加以区分。灵魂需要欢愉，正如精神需要想法，肉体需要食物。喝香槟，去研习新纪元[2]哲学，把每一分钟都当成最后一分钟来过。只有我们与生俱来的天性都得到了满足，我们才会感到幸福。日子过一天算一天，任由生活的道路随着昼夜和四季更迭，它们充满了不确定性，却依然蜿蜒向前。去热爱充满了无穷多样性的人类吧。

在面对失去的痛苦时，虚假的幸福泡沫一触即破，但是，要想活得幸福，就是努力向完美靠拢。爱惜您的健康，努力地维持理智和情绪之间的平衡。渐渐地，比起得到和生命，失去和死亡就显得无关紧要了。生活是一门艺术，当人类不再费力钻营的时候，它就达到了顶峰。在我们这一代人中，将会有越来越多的长寿老人，他们能活到一百岁、一百〇五岁甚至一百一十岁。因此，是时候为这

---

1 亨利·米勒（Henry Miller，1891—1980），是二十世纪美国乃至全世界最重要的作家之一。他的作品带有强烈的超现实主义风格，代表作有《北回归线》《南回归线》等。

2 新纪元运动（New Age Movement）起源于二十世纪七十年代西方社会的宗教运动和灵性运动，吸收了东方与西方的古老精神与宗教传统，并且把许多传统观念与现代科学融合在了一起。

些美好的未来做准备了，为了把以后的日子过得充实丰富，我们应当努力集齐所有的必要条件。不要放弃您的梦想，不要故步自封，不要放弃对神秘的探索，为了变得幸福，过简单的生活。

出版后记·作为一门艺术的生活

我们身处的现代社会，仿佛在陷入这样一个怪圈：我们可选择的越来越多，我们能拥有的越来越多，我们却越来越感到不满足。为了凑单，在琳琅满目的货架前徘徊良久；面对满当当的衣橱，却找不到可以穿的衣服；冰箱里塞满了过期食品，仍无法克制自己的购物欲……越来越多的所有物，充斥着生活的物理空间，也侵蚀着精神的栖息地。拥有更多，真的能使我们的生活更充实吗？基于旅居日本多年的经历和个人感触，本书的作者多米尼克·洛罗，就提出了一种不同的生活方式：简单生活。

在即将过去的这不平凡的一年，每一个人的生活都发生了不同程度的改变，那些曾被我们视作理所当然的东西，如今已成奢望。在这样的大环境下，本书的再次出版，不失为一种应对无常的方式。虽然本书的部分内容已不符合当下的科学规范，但瑕不掩瑜，相信各位读者仍能了解如何把极简主义运用在实际生活中，有所感触，有所收获。追求极简，把生活当作一门艺术，每个人都能成为生活的艺术家。

后浪出版公司
2020 年 12 月

您的1000种小快乐

您的1000种小快乐

您的1000种小快乐

您的1000种小快乐

您的1000种小快乐

您的1000种小快乐

您的1000种小快乐

您的1000种小快乐